U0047882

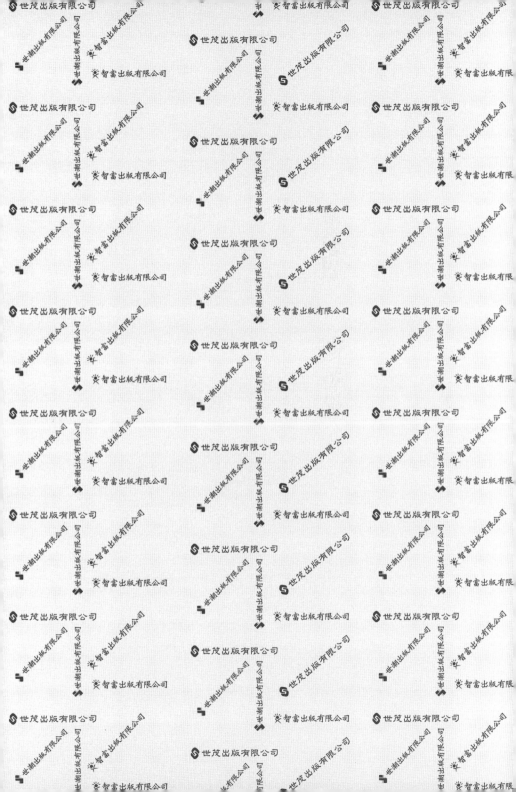

改變世界的碳元素
THE CARBON

炭素はすごい：なぜ炭素は「元素の王様」といわれるのか

序

　　歡迎各位讀者來到「碳元素王國」，誠摯歡迎大家。各位即將蒞臨的碳元素王國，是一個以碳原子為「國王」的龐大王國。碳原子是**構成地球上各種動植物等生物的主要元素**，除了地球上，碳原子也廣泛分布於整個宇宙。

　　碳原子誕生於距今138億年前的宇宙大爆炸、宇宙大霹靂（Big Bang）之後，大爆炸產生的氫原子聚集形成高溫、高壓的恆星，高溫、高壓使氫原子核融合，碳原子繼而誕生。換言之，恆星是碳原子的誕生之地。

　　碳原子僅有「1毫米的千萬分之一」大小，形狀為圓團雲氣。由6個**電子**組成雲霧般的電子雲，電子雲的中心存在體積小、密度高的**原子核**。碳原子藉由這6個電子，與碳或者其他元素鍵結成各種分子。這些含有碳原子的有機分子「國民」，建立起碳元素王國。

　　碳王國的活躍與發展令人驚豔，不僅構成地球上各種生命體，也形成維持生命的食物、對抗疾病的醫藥品、豐富日常生活的材料，以及支撐產業的能源。因此可以說，**人類是與自然界中碳元素王國的國民，一同攜手合作生存下來的。**

20世紀初，美國一位年輕化學家華萊士・卡羅瑟斯（Wallace Carothers）發明了人造聚合物（塑膠）**尼龍**。尼龍不存在於自然界，是人類製造出來的新材料。

到了現在，塑膠已經成為人類生活中不可欠缺的物質。現代的碳化合物可比鐵還要輕盈、堅韌，擁有更好的導電性，甚至可以利用有機化合物製成電池、利用碳纖維製成最先進的飛機，展現出凌駕於鐵之上的性能。

人類的歷史概分為石器時代、青銅器時代、鐵器時代，現代被認為是西元前10世紀左右開始的「鐵器時代的延伸」。然而，真是如此嗎？說「現代是鐵器時代」妥當嗎？說現代是進入碳元素構成的**碳器時代**，豈不是更貼切嗎？

本書將會帶領大家，輕鬆遊遍碳元素王國的各個角落。讀完本書後，各位讀者肯定會為碳元素王國深奧、自由變換的靈活性與運用性，以及未來的發展性感到驚豔。

齋藤勝裕

CONTENTS

CONTENTS

◎結構式的基本認識① 結構式的讀法

結構式是描述化合物中元素的鍵結順序表示法。**表1**統整了理解結構式應該具有的基本知識。

表1 結構式中使用的符號意義

符號	意義
——	單鍵
══	雙鍵
≡	三鍵
▲	飛出紙面的鍵結
⋀ ----	進入紙面的鍵結
⌣	粗線部分飛出紙面
⟶	配位鍵。一種特殊的鍵結力。

◎結構式的基本認識② 結構式的表記法

結構式的表記有三種類型。

▶ 碳氫化合物的結構式

僅碳、氫組成的化合物,稱為**碳氫化合物**(hydrocarbon:烴),其中結構最簡單的分子是甲烷CH_4。如第1章所述,甲烷的結構是碳與4個氫分別交角109.47度的正四面體,結構式記為碳伸出4條直線連接氫的平面結構。碳氫化合物遵守甲烷同樣的表記法,以乙烷CH_3-CH_3等結構式為例,依序寫成如**表2**的**類型1**。

表2　結構式的三種表記法

	分子式	結構式 類型1	結構式 類型2	結構式 類型3
甲烷	CH_4	$\begin{array}{c} H \\ \mid \\ H-C-H \\ \mid \\ H \end{array}$	CH_4	
乙烷	C_2H_6	$\begin{array}{c} H\ \ H \\ \mid\ \ \mid \\ H-C-C-H \\ \mid\ \ \mid \\ H\ \ H \end{array}$	CH_3-CH_3	
丙烷	C_3H_8	$\begin{array}{c} H\ \ H\ \ H \\ \mid\ \ \mid\ \ \mid \\ H-C-C-C-H \\ \mid\ \ \mid\ \ \mid \\ H\ \ H\ \ H \end{array}$	$CH_3-CH_2-CH_3$	$\wedge$
丁烷	C_4H_{10}	$\begin{array}{c} H\ \ H\ \ H\ \ H \\ \mid\ \ \mid\ \ \mid\ \ \mid \\ H-C-C-C-C-H \\ \mid\ \ \mid\ \ \mid\ \ \mid \\ H\ \ H\ \ H\ \ H \end{array}$ $\begin{array}{c} H\ \ H\ \ H \\ \mid\ \ \mid\ \ \mid \\ H-C-C-C-H \\ \mid\ \ \mid\ \ \mid \\ H\ \ H\ \ H \\ \mid \\ H-C-H \\ \mid \\ H \end{array}$	$CH_3-CH_2-CH_2-CH_3$ $CH_3-(CH_2)_2-CH_3$ $CH_3-CH-CH_3$ $\quad\ \ \ \ \mid$ $\quad\ \ \ \ CH_3$	$\wedge\!\!\wedge$ $\curlyvee$
乙烯	C_2H_4	$\begin{array}{c} H\quad\ \ H \\ \diagdown\ \ \diagup \\ C=C \\ \diagup\ \ \diagdown \\ H\quad\ \ H \end{array}$	$H_2C=CH_2$	$=$
乙炔	C_2H_2	$H-C\equiv C-H$	$HC\equiv CH$	$\equiv$
環丙烷	C_3H_6	$\begin{array}{c} H\ \ H \\ \diagdown\!\diagup \\ C \\ H-C\diagtriangleup C-H \\ \mid\quad\ \mid \\ H\quad\ H \end{array}$	$\begin{array}{c} CH_2 \\ \diagup\ \ \diagdown \\ CH_2-CH_2 \end{array}$	$\triangle$
丙烯		$\begin{array}{c} H\quad\ \ H \\ \diagdown\ \ \diagup \\ C=C \\ \diagup\ \ \diagdown \\ H\quad\ \ CH_3 \end{array}$	$H_2C=CH-CH_3$	$\diagup\!\!\!\diagup$
苯	C_6H_6	$\begin{array}{c} H\ \ H \\ \mid\quad\mid \\ H-C\ \ C-H \\ \diagdown\!\!\diagup\ \diagdown\!\!\diagup \\ C\quad C \\ \mid\mid\quad\mid\mid \\ C\quad C \\ \diagup\!\!\diagdown\ \diagup\!\!\diagdown \\ H-C\ \ C-H \\ \mid\quad\mid \\ H\ \ H \end{array}$	$\begin{array}{c} CH \\ \diagup\ \ \diagdown \\ CH\quad\ CH \\ \mid\mid\quad\quad\mid \\ CH\quad\ CH \\ \diagdown\ \ \diagup \\ CH \end{array}$	⬡

▶ 簡化的結構式

　　碳氫化合物的碳數增加，會成為大分子，造成類型1的寫法變得複雜不易閱讀。於是，我們會改成如**類型2的寫法，將每個碳與其鍵結的氫，以CH_3、CH_2等為單位來表示**。當連續出現n個CH_2單位，整合成（CH_2）n表示。如此一來，結構式就會變得容易閱讀。

▶ 直線的表記法

　　然而，即便寫成**類型2**表記法，一些複雜的化合物看起來仍複雜不易閱讀。於是，我們會改用如**類型3**的直線表記法。此表記法有下述幾項「簡單的規則」：

　　①直線的兩端與轉折處存在碳。
　　②碳皆與必要且個數充足的氫鍵結。
　　③雙鍵、三鍵分別記為雙線和三線。

　　遵循上述三個規則，任何鍵結都能寫成直線結構式，也可從類型3的直線結構式，推導出類型1的結構式。大多數的狀況，有機化合物的結構式是以直線結構式表示。

◎結構式的基本認識③　取代基的種類

　　有機化合物的結構，可分成**基質（身體：R）**和**取代基（頭）**來討論。有機化合物的種類繁多，在整理這類有機化合物時，取代基的想法相當便利。取代基好比分子的「頭」，如同娃娃的身體更換頭後整體看起來不同，化合物也會因取代基的改變，物性、反應性出現巨大的變化。取代基有許多種類，但大致可分為**烷基**和**官能基**。

▶ 烷基

烷基是僅由碳、氫兩種原子組成的分子，但不包含不飽和鍵（雙鍵、三鍵），代表的烷基有甲基「$-CH_3$」、乙基「$-CH_2CH_3$」。甲基可以寫成「$-Me$」；乙基可以寫成「$-Et$」、「$-C_2H_5$」；另外，烷基可以表示成「R」（後文會加以解說）。

▶ 官能基

官能基是由碳、氫兩種原子和其他原子組成的分子，包含不飽和鍵的取代基，亦包含碳、氫以外原子的取代基。官能基會對分子的性質帶來巨大的影響，具有相同取代基的化合物，不論基質的種類為何，皆具有相似的性質。例如，具有羥基「$-OH$」的化合物一般稱為「醇類」，具有相同取代基的化合物，多半具有相同的一般名稱。另外，鹵素的氟F、氯Cl、溴Br、碘I等可以表示成「X」。

有時會直接將取代基當作本體（R），例如烷基、官能基的苯基就是代表。因此，**烷基和苯基有時可當作取代基，有時會當作本體（基質）。**

第 I 部

榮耀的碳
元素王國

第**1**章

碳元素的構造與特性

說到碳，是不是想到「漆黑的煤碳」
呢？其實在我們生活的地球上，碳建
立、支撐起生命的王國。我們一起來看
看碳的構造與特性吧。

地球的「碳元素王國」

宇宙有著無數恆星閃耀著，許多恆星皆會製造並釋出碳原子。因此，照理來說，**碳元素王國**應該會誕生於宇宙各處。然而，如同我們尚未在地球以外的地方發現生命體，目前在地球以外的地方也還未發現由國王與眾多國民組成的碳元素王國。

◎地球的碳量並不多

下圖是宇宙中原子的蘊藏量，圖表以原子的個數比表示。

●宇宙的元素豐度

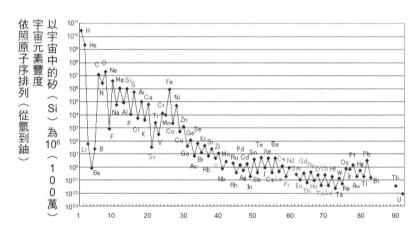

原子序為偶數的元素，宇宙蘊藏量會大於原子序為奇數的相鄰元素稱為「奧多－哈金斯規則（Oddo－Harkins rule：偶數規則）」。
出處：太田充恆（2010年）「產業技術綜合研究所 太田充恆的網頁」（https://staff.aist.gp.jp/a.ohta/），2018年11月8日發布。

除了氫H和鈹Be原子，通常原子序為偶數的原子數量比較多。因為這樣的原子比較穩定。

　　下表為宇宙中蘊藏量前15名的元素，由多至少排序。構成整個地球及地殼的元素，亦分別由多至少排序如下。

順位	宇宙（原子數比）		整個地球（原子數比）		地殼（％）	
1	氫	H	氧	O	氧	O
2	氦	He	鐵	Fe	矽	Si
3	氧	O	鎂	Mg	鋁	Al
4	碳	C	矽	Si	鐵	Fe
5	氖	Ne	硫	S	鈣	Ca
6	氮	N	鋁	Al	鈉	Na
7	鎂	Mg	鈣	Ca	鉀	K
8	矽	Si	鎳	Ni	鎂	Mg
9	鐵	Fe	鉻	Cr	鈦	Ti
10	硫	S	磷	P	氫	H
11	氬	Ar	鈉	Na	磷	P
12	鋁	Al	鈦	Ti	錳	Mn
13	鈣	Ca	錳	Mn	氟	F
14	鈉	Na	鈷	Co	鋇	Ba
15	鎳	Ni	鉀	K	碳	C

碳量在宇宙中排行順位第4名，但在整個地球中卻不排在前15名內，在地殼中則勉強排第15名。因此碳在地球上屬於少量元素。

　　在以上三個排名之間，好像找不出有意義的共通點。關注碳元素會發現，雖然在宇宙中排第4名，但在整個地球中竟未進入前15名。這可能是在星體爆炸時，碳的密度小、質量輕，會在真空中飛散開來的結果。

◎碳量在地殼中較多

然而，地殼中所蘊藏的元素豐度排行，碳總算擠進第15名，這可由地球的形成來理解。地球是由宇宙的岩石聚集而成，當時岩石生成的高度能量產生高溫，呈現黏稠的熔岩狀態。在這樣的狀態下，密度大的錳Mn、鎳Ni等元素會下沉，矽Si、鋁Al等密度小的輕元素會上浮，逐漸形成地表的地殼。

◎碳量最多的是地表

地殼中碳量最多的就屬**地表**。覆蓋山野的綠地、生活其中的動物、翩翩飛舞的昆蟲，全部都是碳元素王國的居民。這是一個充滿生命的美麗王國。

然而，剝去覆蓋地表的翠綠面紗後，顯現的是褐色的土砂、岩石等煞風景的無機物。換言之，地表生物所建立的碳元素王國，其實意外地脆弱。

▶為什麼黃土高原寸草不生？

亞洲的沙塵暴，主要來自中國的**黃土高原**。距今數千年前的黃土高原本是翠綠的山野，然而該地接二連三發生戰火，森林慘遭燒毀。再加上秦始皇為了在自己墳墓中放入大量等身尺寸的陶器，大肆砍伐森林作為柴薪，用來燒製**兵馬俑**。

結果，黃土高原失去保水力，一下雨就洪水氾濫。大洪水沖去腐殖土所形成的肥沃表土，黃土高原最後就變成如今寸草不生的沙漠。

▶「八岐大蛇傳說」的真相是？

　　日本的中國地區（本州最西部）也曾經發生類似的現象。這個地區過去運用豐富的砂鐵冶煉製鐵。冶煉是奪去氧化鐵中的氧，進行還原反應。為此，需要使用木炭作為還原劑。

　　還原反應的作用是藉由氧化鐵Fe_2O_3與碳C反應，使氧化鐵的氧與碳結合成二氧化碳，還原氧化鐵。

$$2Fe_2O_3 + 3C \rightarrow 4Fe + 3CO_2$$

　　當時這樣做的結果，導致日本的中國地區山林慘遭大肆砍伐，用來製作木炭。於是，跟黃土高原一樣，山林失去保水力，接連發生洪水氾濫。訴說此悲慘災害的就是橫跨八座山谷的巨蛇——**八岐大蛇傳說**。傳說中，大蛇的眼睛赤紅燃燒，代表著古代熔礦爐的火焰。

　　消滅這條大蛇的是一位以武勇、蠻力聞名的大神——須佐之男命（スサノオノミコト）。須佐之男命斬斷了大蛇尾巴，從中發現了神劍，將其命名為「天叢雲劍（アマノムラクモノ劍）」。アマノムラクモノ意為「天之叢雲」，描述刀身上如同雲般的「刃紋」。換言之，此劍不是過去流傳的青銅劍，應該是**鐵劍**。

日本八岐大蛇傳說的典故，可能是從胡亂砍伐森林破壞環境，造成斐伊川洪水災害而來。

▶形成酸雨的NOx、SOx

現代文明建立在天然氣、石油、煤等化石燃料上，化石燃料中含有氮N、硫S等化合物經過燃燒，會產生氮氧化物NOx、硫氧化物SOx。這些氧化物溶入雨水中，就會形成酸雨。

酸雨會傷害地表的植被，使其貧瘠枯竭。地表失去植被後，就會面臨跟黃土高原一樣的命運。

「碳元素王國」的「國民」是怎麼誕生的？

碳元素王國是一個龐大的王國，以國王碳原子為中心，由眾多國民建立而成。碳元素王國的國民一般稱為**有機化合物**，全員都是含有碳原子的分子，從數個原子組成的小人物，到數億個原子組成的大人物，當然也少不了美女、帥哥。而身材魁梧的國民，有以相似結構組成的簡單人物，也有結構錯綜交雜的複雜人物。

碳元素王國的國民，究竟是怎麼誕生的呢？

⬡ 碳原子相關的有機物化合物

原子最大的特徵之一是，**可由多種、不同個數的原子，鍵結形成結構體**。這樣的結構體，一般稱為**分子**或者**化合物**。其中，化合物又分為有機化合物與無機化合物。

過去，會將構成生物體的化合物稱為有機化合物。然而，隨著化學的發展，人們瞭解到，這類有機化合物多半跟生物體的構成無關，因此撤回了這項定義。現在，不管跟生命體有無關聯，主要成分為碳原子的化合物全部都稱為有機化合物，其餘則稱為無機化合物。

⬡ 構成有機化合物的原子大致固定

有機化合物的特徵是，構成的原子種類只有固定幾種。有機化合物的主要原子為**碳C**和**氫H**，僅由這兩種原子組成的分子，特別稱為**碳氫化合物**。

不過，碳氫化合物的種類多到令人驚訝，甚至存在數億種、數兆種，多到無法計數。後面會解說為什麼會有如此繁多的種類，但種類繁多是有機化合物最大的特徵。

　　構成有機化合物的原子，除了碳C、氫H，主要還有**氧O**、**氮N**、**磷P**等。除此之外少有其他原子，但都是相當特殊的情況。

　　與此相對，無機化合物則是跟週期表的所有原子都有關聯。其中當然有氫，也有含碳的無機化合物。另外，常聽聞的二氧化碳CO_2、一氧化碳CO，或者以劇毒聞名的氰化鉀（或稱氰酸鉀）KCN等化合物，皆含有碳，但一般視作無機物。

　　後文會出現的鑽石、石墨等，分子僅由碳組成（單元素物質體、同素異形體），也視作無機化合物。不過，即便這些是無機化合物，**只要是含碳原子，都屬於碳元素王國的成員。**

形成「碳王國國民」的「鍵結」

碳原子想要形成有機化合物，必須與其他原子鍵結。原子的鍵結方式有幾種，無機化合物會使用所有鍵結方式。然而，碳使用的鍵結大多僅有**共價鍵**。換言之，碳元素王國的國民幾乎都是以共價鍵形成鍵結。

◎共價鍵

簡單來說，共價鍵就是原子彼此之間握手鍵結。為此，原子需要具備共價鍵用的**鍵結手**（bonding hand）。具體來說，鍵結手是由**電子構成**，手的隻數取決於原子，即：

氫＝1隻、碳＝4隻、氮＝3隻、氧＝2隻

因此，2個氫原子會分別伸出1隻手鍵結，形成氫分子H_2（單鍵）。有2隻手的氧氣能夠與2個氫鍵結，形成水分子H_2O。

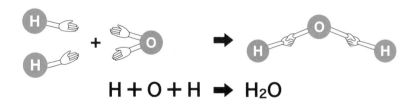

$$H + O + H \Rightarrow H_2O$$

碳能夠與4個氫鍵結形成甲烷分子CH_4，作為天然氣的主要成分，一般家庭廚房使用的天然瓦斯就是這個。

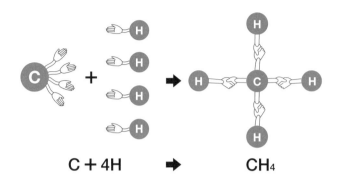

C＋4H ➡ CH₄

◎單鍵、雙鍵與三鍵

碳有4隻手，能夠以2隻手分別跟2個氧原子鍵結，形成二氧化碳CO_2（**下圖**）。像這樣以2隻鍵結手的鍵結，稱為**雙鍵**。一氧化碳CO的碳，有2隻手沒有鍵結對象，這樣的空手能夠強制與其他化合物鍵結，因此使得一氧化碳具有毒性。

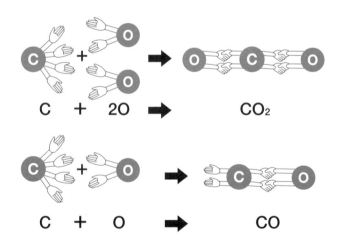

C ＋ 2O ➡ CO₂

C ＋ O ➡ CO

下圖為乙烯$H_2C＝CH_2$的鍵結，2個碳元素分別使用2隻手以雙鍵鍵結，剩餘的2隻手再分別與4個氫原子鍵結。雖然乙烯是如此簡單的分子，卻是常聽聞的植物成熟荷爾蒙。為避免香蕉在成熟狀態下運送，因此會在青色狀態時收成，並於運送途中讓香蕉吸收其本身自然散發的乙烯，轉為成熟狀態。

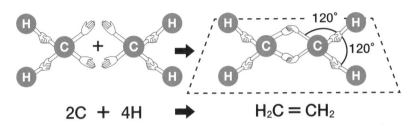

$$2C ＋ 4H \qquad H_2C = CH_2$$

　　乙炔$HC≡CH$是2個碳以3隻手鍵結，這樣的鍵結稱為**三鍵**（下圖）。因此，碳原子會以單鍵、雙鍵、三鍵共3種共價鍵，形成有機化合物。

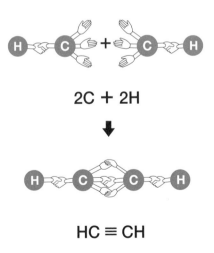

$$2C ＋ 2H$$

$$HC ≡ CH$$

◎共價鍵的鍵結角度是固定的

共價鍵的最大特徵是，**鍵結角度是固定的**。雖然碳原子有4隻鍵結手，但並非如正方形的對角線位於同一平面。4隻手是立體地伸出，相互夾角109.47度。這意謂4隻手的前端結合後，整體會形成正四面體。換言之，碳原子的手如同消波塊（tetrapod），以原子核為中心向消波塊的頂點伸出。

因此，4個氫原子與這樣的鍵結手結合的甲烷，形狀不是像正方形一樣的平面形，而是如**下圖**的**消波塊狀正四面體**。接下來，乙烯 C_2H_4 是6個原子位於同一平面上的平面形分子，原子間的夾角幾乎為120度（**參見21頁上圖**）。

這些角度與有機化合物的特徵有關，會在後面的章節繼續解說。

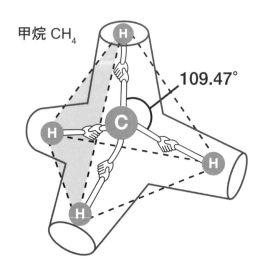

甲烷是由碳C原子伸出4隻「手」，彼此夾角109.47°，與氫H原子鍵結，形成正四面體。

生命體不可欠缺的碳

碳元素王國最為重要的功能，在於**與生命有關的領域**。過去有機化合物的定義為「構成生命體的化合物」，由此可知生命體與有機化合物有著切不斷的關係。

將生命體與有機化合物的關係分成幾項來討論，比較容易理解。

◎「構成」生命體的王國國民

生命體除了骨骼，大部分是由有機化合物構成。人類的骨骼主要是由無機物鈣Ca形成，但堅硬的蟹殼、甲蟲的羽殼等，其實是碳化合物。

構成生命體的主要有機化合物有：**澱粉**與**蛋白質**。

澱粉與蛋白質是後面會提到的**天然聚合物**，是由許多個小而簡單結構的單位分子鍵結，形成鎖鏈狀的巨大分子。鎖鏈的環為單位分子。

蛋白質是構成動物身體的重要物質，是烤肉不可欠缺的營養成分。在生物體內，蛋白質除了**作為結構體的功用**，還扮演更為重要的角色——**發揮酵素（酶）的功能**。

人體的酶是用來消化、代謝食物的物質，也有遵守DNA遺傳訊息、建構生命體的重要功能。

◎「維持」生命體的王國國民

生命體並非「只要完成結構體就行了」，還必須維持生命，因此維生素、荷爾蒙等微量物質也很重要。

然而，還有更為根本的重要東西，那就是維持生命、活動生命體的**能量**。這個能量從何而來？我們是如何利用能量呢？

地球會接收太陽核融合產生的熱能與光能。地球上的植物接收光能後，會以二氧化碳CO_2和水H_2O為原料，產生澱粉等**碳水化合物**$C_n(H_2O)_m$和**氧氣**O_2。

動物將碳水化合物當作食物，以氧氣的氧化（代謝）化學反應，產生能量來維持生命。

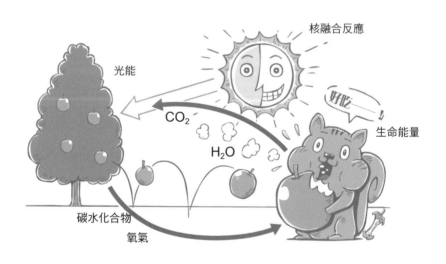

太陽是孕育碳元素王國的恆星，它會產生強大的能量，而地球會接受這種能量，轉換成美好的滋味，再供給生命體。

澱粉是植物以二氧化碳和水為原料，以太陽光為能量源，透過光合作用合成的物質，堪稱「陽光的罐頭」。對植物來說，澱粉是構成生物體的結構物質，但對動物來說，澱粉是重要的食物，也是能量來源。

◎碳的放射性同位素^{14}C是生命體與國王的「兄弟」

碳有三種同位素^{12}C、^{13}C、^{14}C，其中^{14}C是**放射性同位素**。放射性同位素是不穩定的原子，一部分原子核會釋出放射線，轉變為其他穩定原子的同位素。

^{14}C原子核的中子會分解成質子與電子，電子會發射成放射線。常見的放射線有α射線、β射線、γ射線等，α射線是高速飛行的氦原子核^{4}He，γ射線跟X射線同為高能量的電磁波，而^{14}C發射出來的電子是β射線。

β射線是對人體有危害的放射線，而碳必定含有少量固定比例的^{14}C。然後，這個碳構成我們的身體。換言之，我們的身體內部具有一定的β射線。

這種情況是否危險，具有不同觀點。關於放射線，存在**輻射激效**（radiation hormesis）的說法，認為短時間照射大量放射線會造成危害，但長期照射少量放射線有益身體健康，類似「晚餐時小酌一杯」的觀點。或許是因為有這種想法，才使放射性溫泉大受歡迎。

◎為什麼碳可用來鑑定年代？

　　¹⁴C對歷史、科學來說也很重要，可用於鑑定歷史資料的年代。推估木雕品、織品或者過去的植物殘留物等何時形成，稱為**年代鑑定**。若是資料顯示含有碳原子，則會使用**碳定年法**（carbon-dating）。

　　如同前述，¹⁴C會釋出電子（β射線），使中子變成質子，原子序增加1。換言之，¹⁴C會轉為¹⁴N氮原子。

　　所有反應都有其固定的速度，有如爆炸瞬間結束的高速反應，也有如菜刀生鏽的慢速反應，此速率稱為**反應速率**。計算反應速率時，測量**半衰期**相當便利。比如，在**下圖A→B的反應**，起始物A會隨著時間經過而減少。然後，經過一段間，A含量（濃度）會變成起始量的一半。這個起始物含量變為一半的所需時間，就是半衰期。半衰期愈長，反應速度愈慢。若經過2倍半衰期的時間，則含量會是 $\frac{1}{2}$ 的 $\frac{1}{2}$，也就是變成 $\frac{1}{4}$。

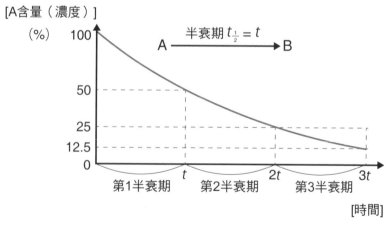

起始物A含量，經過第1半衰期減為一半，經過第2半衰期又再減為一半。

^{14}C→^{14}N的反應半衰期為5730年。假設有棵活著的樹木，這棵樹木會吸收空氣中的二氧化碳，進行光合作用產生碳水化合物等，在內部積存C。因此，這棵樹的^{14}C濃度跟空氣中的^{14}C濃度相同。然而，樹木被砍伐後會停止光合作用，無法繼續從外部獲得^{14}C，樹木內部的^{14}C會逐漸減少。

當樹木的^{14}C濃度變為砍倒時的一半，表示這棵樹距被砍倒經過了5730年。當變為$\frac{1}{4}$，則經過5730年 × 2＝11460年。這個計算成立於「空氣中的^{14}C含量固定」，^{14}C可經由地球內部的核反應、宇宙射線等補充，學者已經證實地球滿足此項條件。

核反應或許聽起來像是遙遠世界的東西，但其實生活周遭、**我們身體內，核反應無所不在。**

活樹積存的^{14}C濃度，跟空氣中的^{14}C濃度相同，但在被砍倒的枯樹中，^{14}C濃度會逐漸減少。我們可藉由^{14}C濃度的差異來推估年代。

◎傳達遺傳訊息的「DNA」「RNA」

說到遺傳就想到核酸，說到核酸就想到DNA和RNA。關於這些物質，留到後面再詳細解說，這邊先來談談**遺傳的發現**。

母細胞藉由DNA，向子細胞傳達的訊息，不是身高、髮色等情報。DNA傳達的僅有蛋白質的設計圖，子細胞再根據設計圖來形成蛋白質。問題在於蛋白質，蛋白質的種類有好幾萬種，大多需要酶才能發揮作用。

展現遺傳性狀，需要酶的作用。酶集團就好比建築中的木工團隊，會因團隊的技術、美感而產生不同成果的生命體。

Column1　原子的結構？

原子是由原子核和電子（電子雲e）所組成，一個電子帶有－1的電荷。而原子核另外由質子p與中子n所組成，質子帶有＋1的電荷，中子不帶電荷。質子的個數為原子序Z，質子和中子個數和為質量數A。質量數表記在元素符號左上角（例：^{14}C）。原子因為帶有跟質子相同個數的電子，整體呈現電中性。

擴大發展的「碳元素王國」

碳元素王國接連誕生新的國民，這些國民發揮新的能力。換言之，王國陸續發生技術革命，持續擴大發展勢力圈。

◎碳掌控能量

人類獲得能量後，經自由運用，促進文明發展。**碳是能量的寶庫**，現代文明建立於能源上，可謂是受到掌控能量的碳元素王國所支配。

先來看原子核形成的能量。核能是原子核融合、分裂時所產生的能量。與此相對，碳元素的能量是碳與氧反應（燃燒）所產生的**反應能量（燃燒熱）**。碳的反應能量除了熱能，還會產生**光能**。光能作為蠟燭、煤油燈等照亮黑暗，延長了學習、研究的時間，長久以來默默支持著文明的發展。

核能是高能量狀態的原子核轉為低能量狀態，兩者能量差ΔE所產生的能量。雖然碳的燃燒也有能量差，但碳原子的能量狀態並未改變，其能量差來自於碳C和氧分子O_2兩種物質轉變為新物質二氧化碳CO_2。以**下圖**來討論。

C和O_2分開存在時，能量是兩者的能量和，而CO_2本身帶有的能量小於C和O_2的能量和。結果，當發生C＋O_2→CO_2，**系統會從高能量狀態轉為低能量狀態，並且釋放能量差ΔE。**

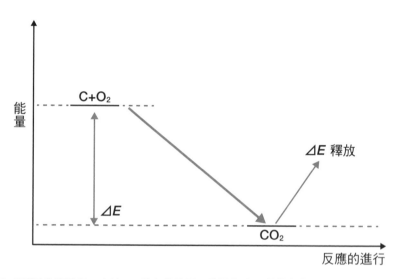

C和O_2分開時的能量和，大於CO_2帶有的能量，差距會以ΔE釋放出來。

人類文明初期，作為能源的碳主要是木材、樹枝。然而，工業革命時換成化石燃料的煤，接著變遷為石油、天然氣。近年，化石燃料的枯竭愈發明顯，人們正努力**開發新的碳燃料**，如頁岩氣、頁岩油、甲烷水合物等。關於這個問題，留到**第7章**會再詳細解說。

取代金屬的碳元素

過去，金屬給人「堅硬、不燃、可通電、吸附磁鐵」的印象，而有機化合物給人「柔軟、易燃、不可通電、不吸附磁鐵」的印象。但是，這些印象在現代不再適用。

首先，可燃的金屬是存在的。毛狀的鐵（鋼絲絨）在高氧大氣下（充滿氧氣的環境下）接近火源，鐵會激烈地燃燒起來。另外，鎂Mg遇到水會劇烈反應燃燒，產生氫氣H_2，一旦著火就會爆炸。因此，偶爾發生的鎂火災，消防車不可噴水灌救，只能阻止火勢向周圍延燒，等待鎂燃燒殆盡。

其次，堅硬的有機化合物也是存在的，還有刀具、剪刀無法切斷，用於防彈背心的有機物質。這類有機物加熱也不會燃燒、軟化，可用於汽車引擎周邊的零件。

2000年日本白川英樹博士獲頒諾貝爾化學獎，**開發出具有導電性的有機物**。自此，有機導電物爭相用於ATM等機台（觸控面板）。後來，人們甚至開發出零電阻、可通電的超導性有機物——**有機超導體**（organic superconductor）。近年，則開發可吸附磁鐵的有機物——**有機磁性體**（organic magnet）。

除了導電體，具有半導體性的有機體——**有機半導體**（organic semiconductor），也被開發出來實用化。這類有機太陽能電池具有質輕、柔軟、多彩等有機化合物的特徵，可用於製造仿真型觀賞植物的太陽能電池等。

LED過去獨占半導體的鰲頭，但**有機發光二極體**（organic electroluminescence**即有機EL發光面板，又稱OLED**）逐漸威脅半導體LED的勢力範圍。現在，韓國的智慧手機螢幕多使用有機EL面板，日本也逐漸開始販售有機EL面板的電視機。

作為結構材料，金屬仍有著無法動搖的勢力，但有機化合物可活用於更成熟細緻、高端的用途，故將可能逐漸取代金屬。

碳元素王國今後也將繼續活躍，不斷發展下去。

 Column2 同位素？

原子的化學性質取決於質子個數（原子序），原子序相同的原子集團稱為元素。因此，氫（Z＝1）、碳（C＝6）、氮（Z＝7）、氧（Z＝8）等，分別為不同的元素。

然而，原子中存在「原子序相同，但質量數不同」的元素，這樣的原子互為同位素。同位素的化學性質相同，但原子核的反應性完全不同。

碳（質子數6個）有著中子數6個、7個、8個的元素，質量數分別為12、13、14，符號記為^{12}C、^{13}C、^{14}C。同位素的原子核反應性不同，理所當然原子核反應的半衰期也不一樣。

第 I 部

榮耀的碳
元素王國

第2章

碳元素的美麗結構

碳元素王國住著各式各樣的居民，有如
鑽石的「美麗人士」、如Thalidomide安
眠藥導致海豹肢畸形（phocomelia）的
「恐怖人士」、如維生素B_{12}的「複雜結構
人士」等。這章就來認識王國的居民吧。

2 1 碳是美麗的國王

在屬於「科學」一環的化學中，或許有人覺得怎麼會出現「美麗」這個形容詞。然而，在科學中，確實存在許多「美麗」的理論和現象。「美麗」含有許多層面的意思，花、寶石是美麗的，但也有如球、金字塔等的幾何學之美。井井有條、合理推展的理論，也令人覺得美麗。這節將透過各種例子，介紹「碳元素王國的居民是多麼美麗」。

◎碳構成的寶石之王「鑽石」

在碳元素王國，分成僅由碳組成的分子與含有碳以外原子的分子。其中，僅由碳組成的分子，特別稱為碳**單質**。國王理所當然是單質，但碳單質又分成好幾種，鑽石便是其中之一。

鑽石是寶石之王，外觀極其美麗。然而，鑽石的美麗並不僅於外觀，**其分子結構也充滿著整齊之美**。鑽石的結構如**下頁圖**所示。

鑽石以高**折射率**、堅硬為人所知。的確，鑽石的折射率2.42是相當高的數值，但絕不是「最高」。由碳化矽SiC組成的莫桑石（moissanite），折射率為2.6～2.7；由氧化鈦TiO_2組成的金紅石（Rutile），折射率也有2.6～2.9，兩者皆高於鑽石。

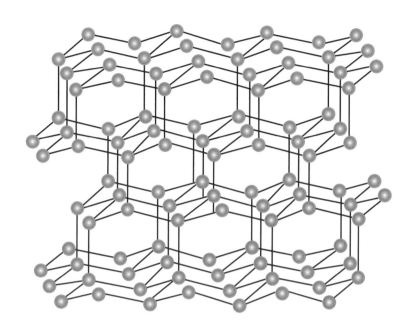

鑽石純粹僅由碳組成，不含碳以外的原子。放大來看，鑽石結構是從中心碳以消波塊的四腳方向與另外4個碳結合。由無數個這樣單位結構形成的鑽石晶體，若以1個鑽石晶體為1個分子，可想成是相當巨大的分子。

　　鑽石的硬度是莫氏硬度（Mohs scale）中最大的10，但還有更堅硬的物質。現在，被認為「最堅硬的物質」是**六方白碳石**（Lonsdaleite），又稱藍絲黛爾石，跟鑽石一樣是碳單質。這種相同元素的單質互為**同素異形體（allotrope）**。

　　六方白碳石的晶體形狀跟鑽石不同。因為是非常罕見的礦物，而且體積都不大，沒辦法正確測量硬度，但電腦模擬顯示，六方白碳石比鑽石還要硬58％。

◎世界最大的鑽石「卡利南原石」

　　寶石的重量單位是克拉（1克拉＝0.2公克），在寶石店看見的鑽石，重量大約就幾克拉而已。然而，世界上有極其巨大的鑽石。

　　史上最大的鑽石是1905年於南非礦山發現的**卡利南原石**，重達3106克拉，約為620公克。鑽石的比重為3.5，所以原石的體積為180毫升，約為兩瓶養樂多。

　　神奇的是這塊原石的形狀。鑽石如同水晶的單晶體，完整的鑽石是兩座金字塔貼合的四角雙錐形，而卡利南原石的形狀卻像是截角的玻璃塊，表示這是**大晶體遭到破壞**的結果。換言之，在發現卡利南原石的周圍，應該能夠找到其他碎片。然而，人們仔細調查周圍，都沒有找到原石碎片。

　　卡利南原石不僅碩大，且幾乎是透明無色，是品質極高的寶石。卡利南原石被進獻給當時的英國國王，切割後研磨成寶石。

　　當時，想要切割原石，僅能拿衝頭（如同大釘子的工具）抵住，再用鐵鎚敲擊。若是衝頭卡住的位置正確，原石會漂亮地大塊裂開，但若卡住的位置不佳，原石會裂得粉碎。

當時為了切割這塊原石，國王到處詢問英國寶石商有沒有人願意接下這個任務，大家都因畏懼失敗而婉拒，最後由荷蘭寶石商阿舍爾（Joseph Asscher）接下這個任務。他拿著衝頭卡住原石各位置，緊張得一面流汗，一面調整敲擊的位置。當他下定決心敲擊下去後，卻因過於激動而昏了過去。

昏倒醒來的他，聽到旁人告知「成功了！」又再度昏了過去，但有人說「這是虛構的故事」。總之，他因這項事蹟獲得王室頒發「皇家」（Royal）的稱號，於是他的寶石店改名為「ROYAL ASSCHER」。

卡利南原石切開後，各個碎塊研磨的結果，最大塊約有530克拉，鑲嵌在英國國王的權杖頂端；第二大塊約有320克拉，鑲嵌在王冠上。舉行英國國王或女王的加冕典禮時，國王、女王們會佩戴這兩件物品*。

---

*編按：可找網路影片或照片觀看，例如1953年英國女王伊麗莎白二世的加冕典禮，即可見到此權杖和王冠。

◎為什麼鑽石具有價值呢？

　　鑽石被譽為「寶石之王」，價格在各種物質中是最高等級。然而，為什麼鑽石的價格如此高呢？這沒有明確的答案。雖然鑽石光輝熠熠，卻跟玻璃一樣是透明無色的，也不如祖母綠、紅寶石般有著美麗色澤。

　　其中一種說法是「**商業策略的成功**」。說到鑽石，就一定要提戴比爾斯公司（De Beers）。戴比爾斯公司於1880年設立於南非共和國，壟斷買下多座的鑽石礦山，不斷成長，支配鑽石的國際市場。

　　這間公司在鑽石的宣傳上發揮了令人驚豔的操作，他們不強調鑽石的閃爍豔麗，而是將無色透明塑造成純潔的象徵，將高硬度塑造成永恆的象徵，兩者結合起來變成「永恆的愛」。如此，鑽石深深擄獲了女性的靈魂，並且掏空了人們的錢包。世界各地購買的婚戒，上面大部分鑲嵌的都是鑽石。

　　因此，昂貴的理由不是「因為需求多，所以價格上揚」，現在的鑽石可說是供給過剩。儘管如此，鑽石的價格仍居高不下，有人說是因為「戴比爾斯公司主動從市場收購，以穩定行情」。

　　戴比爾斯公司付給生產者的金錢，據說大部分都用於爭奪鑽石的武裝費用上。然而，也有人說戴比爾斯公司的力量逐漸式微，鑽石的價格崩跌只是時間問題。今後，購買鑽石時可能需要再多想一想了。

◎鑽石的蘊藏量還很豐富嗎？

雖說鑽石「供給過剩」，但究竟是生產了多少？現在，最大量的生產國是俄羅斯和波札那（Botswana），兩國分別占了世界生產量的25％左右，可說**兩國的生產量就占了全世界的一半**。

全世界的天然鑽石生產量，2011年竟有1億3500萬克拉（27公噸）！生產量多到令人驚訝。俄羅斯的西伯利亞擁有太古隕石墜落的遺址，該處是最為優異的鑽石礦山，能夠生產高品質的鑽石，推測的蘊藏量竟有數兆克拉（！），令人不禁猜測，鑽石的稀有價值豈不跟玻璃差不多（？）。

再加上，地球內部存在大量的碳氫化合物，一部分會因地壓、地熱而轉為鑽石，其推測蘊藏量竟然高達數兆噸（！）。

2-2 人造鑽石

　　鑽石能夠人工製造。鑽石原本是「地底的碳經由地球內部高壓、高溫形成的物質」。若是這樣，只要以相同的條件，**就能夠合成鑽石。**

◎首度鑽石合成以失敗告終

　　在18世紀末的1797年，鑽石被證實為碳單質。瞭解這件事後，眾多研究者開始嘗試以碳為原料合成鑽石，但有很長一段時間都沒有人成功，直到1890年，在研究氟F和電爐方面享有名氣的亨利·莫瓦桑（Henri Moissan）教授，率先發表了「成功的訊息」。

　　他的方法是將碳裝進鐵製容器中，密封後置入火爐高溫加熱，然後再投入水中冷卻。這是個危險的實驗，鐵有可能會爆炸。在莫瓦桑教授之前，也有許多人嘗試此方法，但都沒有成功的案例。莫瓦桑教授或許是想到什麼特別的方法吧。

　　然而，知名的莫瓦桑教授並沒有親自操作實驗，而是全部交由助手處理。經過多次失敗後，某天，那位助手終於「成功」合成鑽石。助手將鑽石拿給莫瓦桑教授查看，欣喜萬分的莫瓦桑教授馬上撰寫報告發表。

　　然而，令人遺憾的是，後來發現那顆鑽石不是合成品，而是天然的鑽石。實驗以失敗收場，報告被認定是造假。

　　這可能是由於助手每天反覆加熱鐵製容器，投入水中冷卻，敲破

後用放大鏡尋找鑽石。然而，每天得到的除了失敗、失敗、還是失敗，他告知教授，教授卻不願「停止實驗」。感到厭煩的助手左思右想：「怎麼樣才能脫離這樣的窘境？」最後可能得到只要讓實驗成功就行了的結論，於是助手花費微薄的薪資購買鑽石，將其敲成碎鑽，假裝是合成的鑽石，拿給教授。

另外，為了維護莫瓦桑教授的名譽，他在氟和電爐方面的研究，於1906年獲頒諾貝爾化學獎。

◎以高溫高壓法（HPHT法）合成

如同上述，許多人嘗試合成鑽石，但最先成功的是1954年美國奇異公司（General Electric Company）的研究團隊。他們是在高溫、高壓下進行合成（**高溫高壓法**），成功的條件為10萬大氣壓、2000℃。

儘管如此，製成的鑽石直徑僅有0.15毫米，必須使用放大鏡才能看到，而且不透明，難以稱為寶石。

其實，早於前一年的1953年，瑞典的團隊就已成功合成鑽石，但製成的鑽石過於脆弱而未發表，直到1980年才公諸於世。

然而，後來鑽石合成的技術進步，到了現在已經能夠大量生產。世界各地的合成鑽石有90～95％產自中國，2015年的產量高達150億克拉（30公噸），**媲美天然鑽石的生產量。**

合成鑽石大多用於工業，但當中也有如寶石品質的產品，這樣的產品會作為寶石流出市面，打擊戴比爾斯公司。另外，現在還有發展從故人、寵物的骨灰、頭髮抽出碳元素，用來製作鑽石的商業交易。但若是出現「故人的品格會影響作成的鑽石色澤」等謠言，事情會變

得很麻煩吧……。

◎高溫高壓法以外的合成法

現在，人們已經開發出幾種鑽石的合成法。其中，同樣和高溫高壓法經常被使用的，還有**化學氣相沉積法**（chemical vapor deposition：CVD法）。

這個方法發明於1950年代，但直到1980年代後半才積極投入鑽石的合成。這方法跟高溫高壓法完全相反，在高真空反應容器中，裝進作為「材料」的鑽石，加熱至1000℃左右，接著灌進氫氣H_2和甲烷CH_4。

如此一來，氫分子會分解成氫原子，這個氫原子會搶奪甲烷分子的氫原子，產生高反應性的碳氫化合物自由基。當碰觸到作為「材料」的鑽石晶體表面，分子種碳沉積分離，就會釋出氫元素。

不斷重複這樣的反應，鑽石晶體便會逐漸成長。雖然沉積的速度相當緩慢，但此方法適合製造高透明度、可作為寶石的鑽石，因而受到矚目。

天然物的複雜結構「沙海葵毒素」

下圖是沙海葵毒素（參見2-5）的結構。如此複雜結構的分子，生物竟能分毫不差地重覆合成。

集結「對稱之美」的「富勒烯」

　　鑽石不論外觀還是分子結構都很美麗，但在碳的同素異形體中，還有外觀漆黑、分子結構卻極其優美的物質。那就是克羅托（Harold Kroto）、斯莫利（Richard Smalley）、柯爾（Robert Curl）三位化學家發現的富勒烯（fullerene），他們因此於1996年獲頒諾貝爾化學獎。

富勒烯如同珍珠般圓滾

　　C_{60}富勒烯的「C_{60}」指的是由60個碳原子所組成。「富勒烯」取名自美國建築家巴克明斯特・富勒（Buckminster Fuller），分子的形狀如**下圖**所示，幾乎為完全的球形。

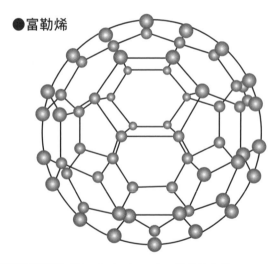

●富勒烯

因為形似富勒的球狀圓頂建築（Geodesic dome），故以此命名。

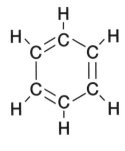

詳細的結構式　　　　　　　　簡化的結構式

苯C$_6$H$_6$的詳細結構式（左）與簡化結構式（右）。

　　在含碳的分子中，有許多具有幾何對稱性的美麗結構。前面提到甲烷CH$_4$的消波塊狀結構就是其中一例。以單雙鍵交互排列形成六角形的苯C$_6$H$_6$，也具有美麗的構造。

　　富勒烯是六角形的苯環結構和五角形結構，如同足球般排列的結構。這難道不足以稱為**分子中最為完全、美麗的結構**嗎？

◎富勒烯的用途不斷擴展

　　在發現的當下，富勒烯為稀少的貴重物質。當時，黃金1公克約1500日圓，而富勒烯1公克卻要價1萬日圓，被認為「比黃金還要昂貴」。但是，後來研發出使用**電弧放電**（arc discharge）的簡易合成法，拜大量生產所賜，現在價格變得合理。

　　富勒烯價格降低後，用途也逐漸擴展開來。其中，比較奇特的是用於化妝品上。富勒烯具有**抗氧化作用**，可用來預防皮膚粗糙。另外，由球形可以聯想，富勒烯具有**潤滑作用**，也可混合潤滑油使用。

在科學方面的用途，富勒烯的**半導體性**備受矚目，可作為太陽能電池、OLED（有機EL面板）的原料。

◎黏著性強的奈米碳管

近年來類似富勒烯的物質受到關注，**奈米碳管**（carbon nanotube）就是其中之一。這物質像是拉長富勒烯的圓筒狀分子，多數情況下是兩端閉合。圓筒並不僅限定為單層，也可用大筒裝小筒的形式重疊數層，目前管層數可達七層。

奈米碳管的機械性強度極高，人們正探討是否可作為高強度纖維來使用。未來，人們可能嘗試建造連結人造衛星與地表的電梯，奈米碳管即為宇宙電梯的纜線候選人之一。另外，設置於外太空的巨大太陽能電池，其電力輸送的纜線也可能使用奈米碳管。

奈米碳管跟富勒烯一樣具有**半導體性**，可應用於各種電子裝置的元件。

●奈米碳管

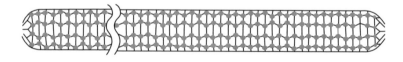

比較奇特的嘗試還有，在奈米碳管中裝入藥劑，用於優先抵達癌等病杜的藥物輸送系統（DDS：Drug Delivery System）。

⬡透明膠帶推進石墨烯的研究

　　切開奈米碳管，會形成六角形連續分布的網狀平面分子，稱為**石墨烯（graphene）**。石墨烯是，將石墨層狀結構取出單一層的結構。

　　當初開始研究的時候，因為石墨烯取得困難，造成研究停滯。然而，2004年某位研究員提出「哥倫布立蛋」的想法：將透明膠帶黏在石墨上，再撕下來。結果，膠帶上黏有單層的石墨烯。自此，石墨烯的研究大幅推進，該名研究員於2010年獲頒諾貝爾獎。如果有像奧斯卡金像獎的配角獎，真想頒發透明膠帶「諾貝爾配角獎」。

●石墨烯

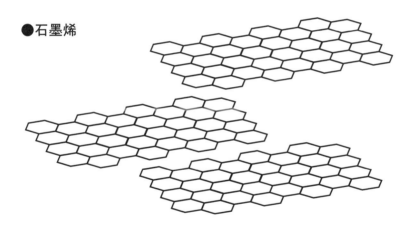

石墨烯的電導性高於銀，在光學上有著高不透明性等，性質有別於固有的物質，期待作為未來電子裝置等原料，備受矚目。

魔鏡映出的「光學異構物」

　　碳元素王國的成員有：國王碳原子、碳原子形成的分子、王國居民碳化合物，也就是有機化合物。有機化合物的種類多到只能用「無數」來形容，從單純、具有幾何學之美的物質，到結構怪異複雜的物質，應有盡有。

◎似是而非的「異構物」

　　表示分子中原子種類和個數的化學式，H_2O、CH_4等稱為**分子式**。然而，僅由分子式，無法瞭解原子的排列順序。以水為例，分子式無法看出鍵結是$H-H-O$還是$H-O-H$。描述正確排列順序的$H-O-H$，稱為**結構式**。

　　在有機分子當中，會出現分子式相同，但結構式不同的分子。例如，分子式C_4H_{10}可能有**下圖①和②**兩種結構。

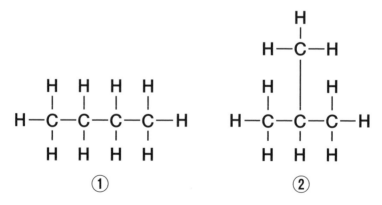

①和②都是分子式為C_4H_{10}的分子，但結構式不同。

A、B兩者皆實際存在，但性質、反應性不一樣，因此為不同的分子。這類分子互為**異構物**，也就是**分子式C_4H_{10}的分子存在2種異構物**。

組成分子的原子數愈多，分子異構物的數量增加愈快。下表為隨著碳數的增加，碳氫化合物的異構物數量增加的情況。

分子式	異構物的數量
C_4H_{10}	2
C_5H_{12}	3
$C_{10}H_{22}$	75
$C_{15}H_{32}$	4,347
$C_{20}H_{42}$	366,319

碳數低於3個的分子，不存在異構物，但4個碳會有2個異構物，10個碳會有75個異構物，增加到20個碳時竟然約有36萬個異構物。聚乙烯是碳氫化合物的一種，碳數超過1萬個，其異構物數量，光想就是讓人昏厥的天文數字。

由此可以窺見，有機化合物的種類是多麼的繁多。有機化合物的種類是不可能一一計算的，僅能用「無數」來回答。可見碳元素王國的人口，遠遠超過地球的總人口數。

◎「右手」與「左手」不一樣

　　剛才提到甲烷是正四面體結構，其立體結構通常如**下圖左**所示。

　　在**下圖左**，約定俗成，直線表示紙面上的鍵結，楔形實線表示飛出紙面的鍵結，楔形虛線表示進入紙面的鍵結。習慣之後，看到**下圖左**，眼前自然會浮現如**下圖右**的消波塊形狀。

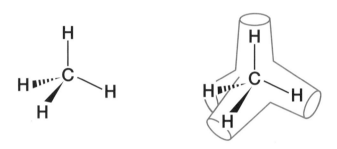

甲烷CH_4的正四面體結構，如同消波塊的形狀。

　　下圖的分子①、②代表將甲烷的4個氫換成W、X、Y、Z，視為彼此相異的4種原子（或者原子團，即取代基）。

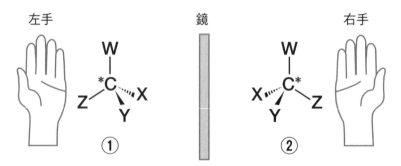

①和②的分子式相同，但即便旋轉也絕對不會重疊，互為光學異構物。

①和②的分子式同為（CWXYZ），但彼此怎麼旋轉也絕不重疊，兩者互為異構物。這也是理所當然的，因為是①照鏡子變成②、②照鏡子變成①，呈現如同左右手的鏡像關係。

　　這類異構物特別稱為**光學異構物**，是有4個相異取代基的碳，特別稱為**不對稱碳（asymmetric carbon）**，記為「*C（C*）」。不對稱碳幾乎都存在光學異構物。

　　光學異構物具有完全相同的化學性質，但無法以化學方法分離（光學分割）①和②的混合物。甚至，想要以化學方法合成①，同時也會跑出②，結果生成①和②的1：1混合物（外消旋物racemate）。

　　然而，**光學異構物對生物的影響（反應性）完全不同**。自然界中原本就存在許多光學異構物。

◎為什麼自然界中僅存在「右手」

　　存在於自然界的光學異構物，常見的例子有**胺基酸**。如後面所述，胺基酸是組成蛋白質的**單位分子**，全部共有**20種**。在胺基酸中，中央的碳帶有4個取代基R、H、NH_2、COOH，各胺基酸差在取代基R不一樣。因此，胺基酸的中央碳是不對稱碳，胺基酸存在2種光學異構物，分別稱為**D型、L型**。**下頁圖**是單一胺基酸**麩胺酸**的D型和L型。

D－麩胺酸（左、D型）與L－麩胺酸（右、L型），自然界僅存在L－麩胺酸。

　　然而，**存在自然界的胺基酸僅有L型**。除了極少數的例外，不存在D型胺基酸。在實驗室製造胺基酸，會產生D型和L型的1：1混合物（外消旋物），但**生物體內製造的卻全是L型**。沒有人知道其中的緣由，如同人類的心臟偏左，向日葵的「蔓莖」左旋，只能說是「上帝的旨意」。

　　「鮮味調味料」的成分是麩胺酸，俗稱味精。過去，鮮味調味料是以化學合成製造，所以100公克的鮮味調味料，僅有50公克的L型帶有「鮮味」，剩餘50公克是平淡無味的物質。然而，現在是以微生物發酵製成，微生物是生物，所以只會產生L型。因此，現在若製造100公克鮮味調味料，**100公克全部都是鮮味**。

◎光學異構物的悲劇

　　1957年，西德（當時）的製藥公司，開發販售Thalidomide這款安眠藥。不過，沒過多久就發現Thalidomide有嚴重的副作用。懷孕初期的女性服用，會生出四肢異常、尤其缺少兩手腕的嬰兒，名為海豹肢畸形的大問題。光是確認到的受害者，全世界就高達3900人，日本也有309位缺陷患者。

問題出在Thalidomide的**光學異構性（optical isomerism）**。如下圖所示，Thalidomide存在光學異構物，一種具有**嗜睡性**，另一種具有**致畸胎性（teratogenicity）**，人們不知哪種具有什麼性質。因為Thalidomide的結構特殊，不論服用①還是②，進入體內約10小時後，皆會產生①和②的1：1混合物。結果理所當然，Thalidomide被禁止製造、販售。

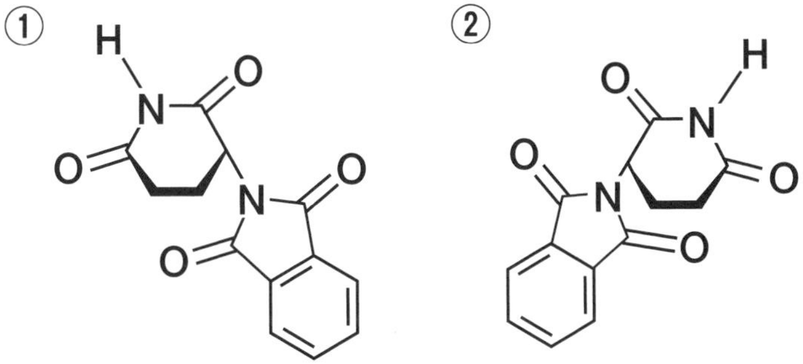

Thalidomide的結構式，①或者②皆具有致畸胎性。

　　然而，後來調查發現，Thalidomide的致畸胎性，是因為胎兒的微血管生成受到阻礙。若是能夠利用這個效果，阻礙癌細胞的微血管生成，則可望達到抗癌作用。另外，糖尿病性的失明是不必要的微血管生成、破裂所導致，所以Thalidomide的藥效備受期待。

　　因此，在醫師嚴格管理下使用的特殊醫藥品，Thalidomide再次獲得上市許可。**相同的物質，卻有著毒和藥不同的效果。**

25 如同「魔王迷宮」擁有複雜美麗結構的有機化合物

西元前2000年左右，愛琴海盛行米諾斯古文明（Minoan civilization），在王宮克諾索斯（Knossos）宮殿裡頭，彩繪著美麗壁畫，綿長錯綜的走廊連接眾多廣大的房間，因此，外部的入侵者會迷失方向出不來，整座宮殿宛若迷宮一般。

有機化合物中也有媲美這座迷宮、結構複雜卻**顯現獨特之美的物質**。美到連DNA、RNA等都不禁甘拜下風。

◎珊瑚礁、石鯛的毒「沙海葵毒素」

有機化合物從如同甲烷的單純結構，到極其複雜的結構，應有盡有。其中，結構特別複雜的大概是**腐植酸（humic acid）、煤**等（**右頁圖**）。腐植酸來自多瑙河等歐洲大陸大河混濁的褐色物質，是植物的組成分子在分解、腐敗、融合的過程中產生的巨大分子。但是，由形成的複雜過程可以推知，其結構不具有重覆性，因此一般不稱為分子結構。煤的結構也是如此。

▶石鯛的毒

被譽為「磯釣王者」的石鯛「帶有毒素」，據說「吃下肚會引起劇烈的肌肉疼痛」。學者認為，這是由於日本近海水溫上升，使得過去僅存在於南洋的「珊瑚礁毒」，漂流到日本近海所造成的。

腐植酸的化學結構模型。由於結構不具重覆性，不稱為分子結構。

出處：Schulten, 1993

　　這種毒素跟河豚毒、貝毒一樣，不是河豚、貝自己產生的毒素，而是餌食含有的毒素堆積在石鯛體內。因此，石鯛的毒也跟貝毒一樣，會因季節而有強弱之分。

　　珊瑚礁的毒素有許多種，其中最強的是**沙海葵毒素**（Palytoxin），這是由棲息於珊瑚礁的多射珊瑚（Zoantharia）產生的毒素。在通稱為「poison」的毒素中，一般名稱中若有「～toxin」，即專指生物產生的毒素。

沙海葵毒素最早發現於1971年，直到1982年才由天然物有機化學家研究解開其分子結構。Moore、岸義人、上村大輔等人的三個團隊個別研究，幾乎同時發布了相同的結構。

由其結構（參見**43頁**的Column3）可知，在人類解開的天然物分子結構中，這明顯是最為複雜的結構。當然，跟腐植酸的結構不一樣，此結構具有重覆性。珊瑚礁的多射珊瑚，每次都會分毫不差地生產這個分子，不禁令人感到欽佩：「真是了不起！」

◎成功實現沙海葵毒素的全合成

然而，1994年，岸義人等人的團隊，成功實現此化合物的**全合成**（total synthesis）。這讓全世界的化學家驚訝不已，因為沙海葵毒素的結構是如此複雜。

這個分子含有64個不對稱碳。如2-4所述，1個不對稱碳會產生2種光學異構物，其中僅有一種是真正的天然物。也就是說，在不考慮光學異構物的情況下，沙海葵毒素的真正結構會是單純結構（平面結構）的2^{64}分之一，結構正確的可能性小到如同天文數字。

據說後來的化學全合成，都沒有沙海葵毒素的全合成來得複雜。儘管如此，岸博士卻未獲頒諾貝爾獎。是因為諾貝爾學會中天然物有機化學的地位低下嗎？還是因為日本在化學界的發言力不強？讓人不禁揣測背後的原因。

◎維生素B$_{12}$

分子結構複雜度有如沙海葵毒素的還有**維生素B$_{12}$**。如下圖所示，維生素B$_{12}$的結構相當複雜，其平面結構在1948年被解開。

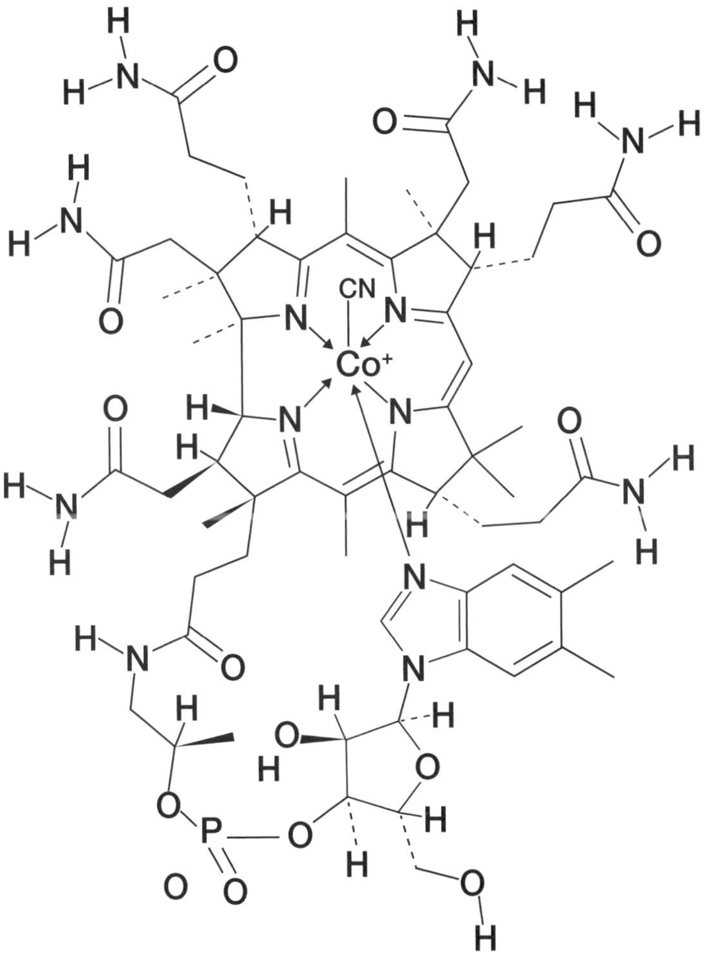

維生素B$_{12}$的結構式。「- - -」是進入紙面的鍵結；「→」是配位鍵，一種特殊鍵結力。

後來，1961年，經由桃樂絲・霍奇金（Dorothy Hodgkin）的X射線結構分析，解開了其立體結構。霍奇金因為使用X射線確立有機化合物的結構，於1964年獲頒諾貝爾獎。由於維生素B_{12}的構造過於複雜，過去認為不可能人工合成。

然而，1973年，在勞勃・伍德沃德（Robert Woodward）與阿爾伯特・艾申莫瑟（Albert Eschenmoser）兩大化學家的協助下，成功實現全合成。這項偉業被譽為有機合成化學上最大的金字塔。伍德沃德因成功合成許多天然物的成就，於1965年獲頒諾貝爾化學獎，被稱為20世紀最偉大的化學家。

伍德沃德的功績可不只如此。合成維生素B_{12}的過程中，在羅德・霍夫曼（Roald Hoffmann）的幫助下，完成有機量子化學上的一項重大發現——**伍德沃德－霍夫曼規則**（Woodward-Hoffmann rules：**分子軌道對稱守恆原理**）。

這項法則，近似後來日本化學家福井謙一提出的**前緣軌域理論**（frontier orbital theory），霍夫曼和福井兩人於1981年獲頒諾貝爾化學獎。令人遺憾的是，伍德沃德逝世於1979年，無緣獲獎，若當時他還健在，肯定會成為在相同領域獲頒兩次諾貝爾獎的稀有例子。

第II部

支配生命
體的碳元
素王國

第**3**章

形成生命體的碳元素

碳元素王國國民最大的使命就是「形成
生命體」。遵從這項使命的國民主要有
碳水化合物、蛋白質、油脂等。在這
章，我們就來看這些國民如何完成使命。

與太陽合作進行「光合作用」

　　地球存在眾多種類和個體數量的生命體。以種類來說，光是哺乳類就多達4500種，若加進昆蟲、細菌，可能會超過數千萬種。以數量來說，光是人類就多達75億。若是生命體的整體數量，跟碳元素王國的「人口」一樣，僅能說是「無數」。

　　多虧地球是繞行太陽這顆恆星的行星，如此多樣的生命體才能夠存在於地球上。碳元素王國會利用太陽送進來的能量，以地球上的無機物作為材料，產生有機化合物，形成生命體的主原料——碳水化合物、油脂、蛋白質。太陽的能量，轉變為這些多數生物可利用的物質形式。地球上能夠充滿生命體，實就是碳元素王國的功勞。

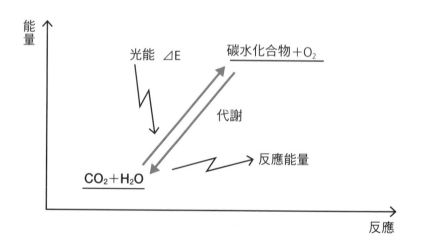

綠色植物吸收太陽光能、二氧化碳和水，產生碳水化合物和氧氣，使地球成為生命體的樂園。

◎「熱」＋「光」的太陽能

太陽是恆星之一。恆星是由氫原子聚集形成，氫原子在恆星上核融合變成氦，轉變過程產生的核融合能量，會使表面溫度高達6000℃。

太陽以熱能與光能的形式，對宇宙空間釋放核融合能量。這些能量橫跨太陽與地球間的距離，旅行約1億5000萬公里抵達地球。這段距離非常重要，過近會造成地球溫度太高，水將蒸發消失不見，致使地球上的生命體皆無法誕生；相反地，過遠會造成溫度太低，水將結凍成不流動的固體，低溫也會阻礙生化學反應進行，無法誕生生命體。

◎「燃燒反應的逆反應」是光合作用

地球上的生命體，在生存上都是直接或間接利用太陽的熱能和光能。其中，最有效利用太陽的是綠色**植物**。綠色植物以**葉綠素這種有機化合物**吸收光，利用光能將二氧化碳CO_2和水H_2O合成各種碳水化合物$C_n(H_2O)_m$。此時，發生的一連串反應通稱為**光合作用**。

葉綠素的分子結構如**下頁圖左**所示，在有機物組成的環狀結構中，鑲嵌了金屬原子鎂Mg。這個環狀結構的部分，一般稱為**紫質環**（porphyrin ring）。

哺乳類的體內會利用血紅素搬運氧氣。血紅素是蛋白質和有機分子**血基質（haem）**組成的複合體，這個血基質**跟葉綠素極為相似**（**圖右**），結構為紫質環中鑲嵌鐵原子Fe。

葉綠素　　　　　　　　　血基質

葉綠素（左）和血基質（右）的分子結構。紫質環鑲嵌鎂Mg的是葉綠素；鑲嵌鐵Fe的是血基質。

雖然動植物的外型相差甚遠，但觀看分子層級，其中樞部分意外地相似。甚至，DNA的結構也相同，僅差在寫入的訊息不一樣而已。在「上帝的工具箱」中，放入的原料種類或許意外地少。即便組合積木的種類不多，卻能夠組合出無數的立體形狀。

光合作用的能量關係，正好與前面提到的燃燒反應相反。燃燒反應產生二氧化碳和水的混合物，總能量低，但植物吸收光能ΔE與此能量後，會對應ΔE產生高能量碳水化合物和氧的混合物。草食動物食用碳水化合物，經由消化、吸收、代謝等作用，與氧氣、氮氣反應後，產生蛋白質等生物體構成物質，並獲得維持生命活動所需的能量。

3
2
碳水化合物是太陽能的「罐頭」

碳水化合物的分子式為$C_n(H_2O)_m$，形式上看似碳C和水H_2O的結合，但絕非如此單純的東西。碳水化合物的種類繁多，大致分為**單醣、多醣、黏多醣類**（mucopolysaccharides）等。

碳水化合物是動物的能量來源，1公克在體內代謝燃燒形成二氧化碳和水，約可產生4千卡的能量。由太陽能製造出來、供給生物能量的碳水化合物，儼然就是**太陽能的「罐頭」**。

◎單醣類：葡萄糖、果糖／雙醣類：砂糖、蔗糖、麥芽糖

植物的光合作用最先形成的醣類是，碳數5～6個、多為環狀化合物的**單醣類**。先形成單醣類的理由是，單醣類為碳水化合物的單位物質，兩個單醣能夠結合成蔗糖（sucrose）、麥芽糖（maltose）等**雙醣**；多個單醣能夠結合成澱粉、纖維素等**多醣**。

最為人所知的單醣是**葡萄糖**（glucose）和**果糖**（fructose）。果糖在水中為環狀化合物和鏈狀化合物的混合物，環狀結構又分為立體結構不同的α型和β型。

兩個葡萄糖脫水結合，會變成**麥芽糖**（maltose）。麥芽糖如同其名，是麥芽中所含的醣類，而麥芽是啤酒、威士忌的重要原料。

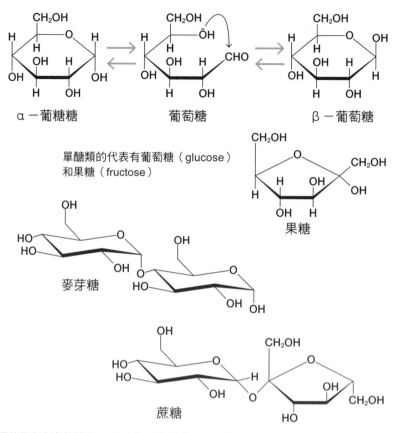

α－葡糖糖　　　　葡萄糖　　　　β－葡萄糖

單醣類的代表有葡萄糖（glucose）
和果糖（fructose）

果糖

麥芽糖

蔗糖

雙醣類的代表有麥芽糖（maltose）、蔗糖（sucrose）。

　　葡萄糖和果糖（fructose）脫水結合會變成**蔗糖**（sucrose）。蔗糖分解為果糖和葡萄糖的混合物，稱為**轉化糖**（inverted sugar）。果糖比蔗糖甜，相同重量的轉化糖比蔗糖甜，可用比較少的量（熱量較少）達到相同的甜度，過去曾經用於減肥食品上，但效果僅是「杯水車薪」。

◎多醣類：澱粉、纖維素

多個單醣脫水結合形成的物質，稱為**多醣**。多醣中最有名的莫屬**澱粉**和**纖維素**，兩者皆由葡萄糖組成，分解後也都會變成葡萄糖。

▶澱粉與纖維素

澱粉與纖維素這兩種物質的立體結構不同，澱粉是由 α －葡萄糖組成，纖維素是由 β －葡萄糖組成。草食性動物的消化酶能夠分解兩種物質，但人類的消化酶僅能分解澱粉。因此，我們沒辦法以自然界大量存在的纖維素為食，這對人類的存續來說是非常大的劣勢。常聽聞乳酸菌、比菲德氏菌對健康有益，**若能使腸道中纖維素分解菌增殖，對人類來說是一種福音吧。**

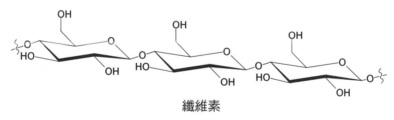

纖維素

遺憾的是，人類無法分解纖維素。

▶直鏈澱粉與支鏈澱粉

澱粉分為**直鏈澱粉**（amylose）和**支鏈澱粉**（amylopectin）兩種，直鏈澱粉是一條長鎖鏈的結構，支鏈澱粉是出現分枝的結構。糯米中的澱粉為100％支鏈澱粉，一般米含有20～30％的直鏈澱粉。糯米具有黏稠性，是因為支鏈澱粉相互纏繞的結果。

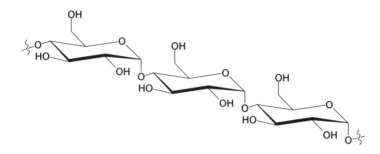

直鏈澱粉

一般米含有20～30%的直鏈澱粉。

▶α－澱粉與β－澱粉

　　澱粉可分類為**α－澱粉**和**β－澱粉**，生澱粉即為β－澱粉。β－澱粉是堅硬的晶體狀態，消化酶無法滲入，因此不容易消化。

　　然而，烹煮後，晶體中會滲入水，崩壞變得柔軟。這樣的狀態稱為α－澱粉。將α－澱粉放涼後，澱粉中的水會滲出，變回原本的β狀態，這就是飯冷掉的狀態。然而，若將α－澱粉極速加熱乾燥或者冷凍，澱粉會保持α狀態，例如米香、煎餅等過去的保存食品。

⬡黏多醣類：幾丁質、玻尿酸、硫酸軟骨素

　　除了葡萄糖等碳水化合物，單醣類也存在帶有氮原子N的化合物。這是碳水化合物的單醣類，結構中部分的OH原子團（羥基）被胺基NH_2取代的物質，一般稱為**胺醣**（amino sugar）。例如**葡萄糖胺**（glucosamine）、**乙醯葡萄糖胺**（acetylglucosamine），這些都經常可在健康食品的廣告上看見。

成分為胺醣的多醣類，一般稱為**黏多醣類**，例如螃蟹、昆蟲外殼成分的**幾丁質**（chitin）。除此之外，**玻尿酸**（hyaluronic acid）具有促進關節液循環、皮膚保濕的作用，可用於醫藥品、化妝品。而**硫酸軟骨素**（chondroitin sulfate）能夠形成軟骨、皮膚，多以與蛋白質結合的形式存在。

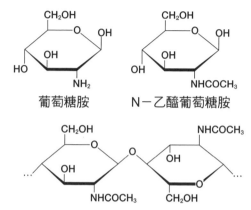

葡萄糖胺　　　　　N－乙醯葡萄糖胺

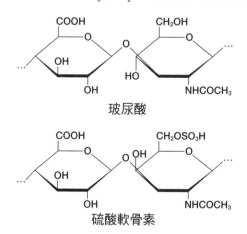

幾丁質（NHCOOCH₃被NH₂取代則變成聚葡萄糖胺）

玻尿酸

硫酸軟骨素

黏多醣類的結構。黏多醣類可能因形狀、存在位置等，被誤以為是骨頭、蛋白質的一種，但它們確確實實是碳水化合物。

3 生命體不可欠缺的「油脂」

　　生物體含有的油稱為**油脂**，油脂中又分為常溫下為固態的**脂肪**，與液態的**脂肪油**。一般來說，哺乳類的油脂是脂肪；海鮮類、植物的油脂為脂肪油。1公克的油脂代謝後會產生9千卡的能量，是生物體重要的能量來源。但是，油脂同時也是代謝症候群的重要誘因。

◎難怪生命體不能缺少油脂

　　近來，油脂被忌諱為減肥的天敵，真的很無辜。油脂並不僅只是高能量物質，也是構成生物體重要部分的必要原料。

　　不過，各位知道一般所謂「生物體」的定義嗎？生物體必須具備三個特徵：①遺傳能力、②代謝能力（自行獲得營養）、③細胞結構。

　　細菌是生物，而病毒不滿足③，所以不是生物。病毒僅是DNA裝入蛋白質製的容器而已，不具有細胞結構。因此，病毒不是生物，僅僅只是「物質」。

　　那麼，什麼是細胞呢？答案是，**在細胞膜圍起來的容器中，包藏著維持生命和遺傳裝置的物體**。換言之，生命體不可欠缺**細胞結構**，也就不能沒有**細胞膜**。因為沒有細胞膜，就無法形成細胞結構。而細胞膜的原料是有機化合物**磷脂質**，磷脂質的原料就是油脂。

換句話說，**油脂是生命體維持生命的關鍵材料**，哪裡還顧得了「代謝症候群」的問題。

$$CH_2-O-COR \qquad\qquad CH_2-O-COR$$
$$CH\ -O-COR' \xrightarrow{\text{磷酸 } H_3PO_4} CH\ -O-COR' \Longrightarrow 細胞膜$$
$$CH_2-O-COR'' \qquad\qquad CH_2-O-P(OH)_2$$
$$\underset{\text{油脂}}{} \qquad\qquad\qquad \underset{\text{磷脂質}}{\overset{\|}{O}}$$

◎油脂 ＝ 甘油 ＋ 脂肪酸

1分子的油脂分解後，會得到1分子的**甘油**和3分子的**脂肪酸**。甘油（glycerine）僅是一種分子的名稱，任何油分解後都會產生甘油。甘油是醇類的一種，經過硝酸處理後會變成著名的硝化甘油，可作為黃色炸藥、狹心症特效藥的原料，詳細內容後面會再講解。

然而，脂肪酸存在許多種類，由1分子油脂得到的3分子脂肪酸，可能全為相同的脂肪酸，也有可能全為不同的脂肪酸。**根據油脂種類的不同，脂肪酸的組合也會不一樣。**

$$CH_2-O-COR \qquad\qquad CH_2-OH \qquad HO-CO-R$$
$$CH\ -O-COR' \xrightarrow{\text{水 } H_2O} CH\ -OH \ + \ HO-CO-R'$$
$$CH_2-O-COR'' \qquad\qquad CH_2-OH \qquad HO-CO-R''$$
$$\underset{\text{油脂}}{} \qquad\qquad\qquad \underset{\text{甘油}}{} \qquad\qquad \underset{\text{脂肪酸}}{}$$

◎脂肪酸依構造不同可分為兩種

食物中的脂肪酸，大多為10～20個左右的**碳鏈組成**。脂肪酸分為碳鏈含有雙鍵的**不飽和脂肪酸**，和不含雙鍵的**飽和脂肪酸**。脂肪的脂肪酸為飽和脂肪酸；脂肪油的脂肪酸為不飽和脂肪酸。

▶對頭腦有益的IPA和DHA

海鮮類中「對頭腦有益」的IPA、DHA皆為不飽和脂肪酸，IPA是**二十碳五烯酸**〔icosapentaenoic acid；又稱為eicosapentaenoic acid（EPA）〕的簡稱，「icosa」是希臘語20的意思，表示碳數有20個；「penta」是5的意思，表示雙鍵有5個。同理，DHA是**二十二碳六烯酸**（docosahexaenoic acid）的簡稱，「docosa」表示22個碳、「hexa」表示6個雙鍵。

IPA

DHA

▶被認為對身體有益的ω（omega）－3脂肪酸

近來，**ω－3脂肪酸**被認為「對身體有益」，「ω－3」表示碳鏈端數來第3個碳帶有雙鍵，前述的IPA、DHA符合這個條件。

液體的脂肪油與氫反應，雙鍵會添加氫而變成單鍵，使得液體的脂肪油變成固體的脂肪。這類油脂一般稱為**硬化油**，可用於人造奶

油、起酥油、肥皂等。但是，這個作用並不是所有的雙鍵轉為單鍵，會殘留1～2個雙鍵。

▶對身體不好的反式脂肪酸

然而，脂肪酸雙鍵上的兩個碳會分別鍵結1個氫，產生兩種不同的位置關係。2個氫位於雙鍵同一側的，稱為**順式體**（cis）；位於相反側的，稱為**反式體**（trans）。自然界中的不飽和脂肪酸皆為順式體，IPA、DHA也是如此。例如，自然界中的油酸（oleic acid）為順式體，分子結構具有彎曲部分，而**人造硬化油中的油酸則是直線的反式體**（參見**下頁的圖**）。

根據數字決定的有機化合物名稱

有機化合物的名稱，基本上是根據碳數、雙鍵數等數字決定的。下面舉幾個數字轉成希臘文的命名例子：

1　mono　例：monorail（單軌鐵路）

2　bi　　例：bicycle（雙輪車、腳踏車）

3　tri　　例：trio（三重奏）

4　tetra　例：tetrapod（四腳動物）

5　penta　例：Pentagon（美國國防部、平面五角形）

6　hexa　例：hexapod（六腳昆蟲）

8　octa　例：octopus（八腳章魚）

如眾所皆知，**反式脂肪酸**對健康不好，可能會增加壞膽固醇，提高罹患心血管疾病的風險。2003年，世界衛生組織（WHO）公告：「反式脂肪酸的攝取量應控制在總能量攝取量的1％以下。」參考指標約為每日2公克以下。

反式油酸

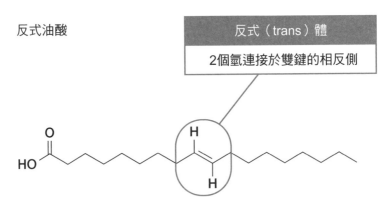

反式（trans）體

2個氫連接於雙鍵的相反側

人工製造出來的油酸。分子結構為一直線，攝取過多對健康有害。

順式油酸

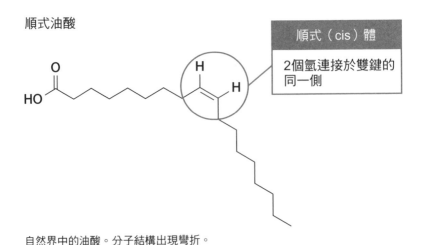

順式（cis）體

2個氫連接於雙鍵的同一側

自然界中的油酸。分子結構出現彎折。

蛋白質是「生命體的本質」

若說到**蛋白質**就馬上想到烤肉店的肉片，對蛋白質就太失禮了。碳元素王國的最重要成員若是烤肉，國王可是會哭泣的啊。

的確，蛋白質大多會形成膠原蛋白，是構成動物肉體的關鍵要素。然而，蛋白質真正重要的地方，是作為**酵素（酶）**的功能。作為生化學反應的支配者、找出DNA遺傳訊息的實行者，酵素（酶）才是扮演生命體中最為重要的角色。

蛋白質是數個胺基酸結合而成的天然聚合物。那麼，「許多胺基酸結合起來的物質，全都是蛋白質嗎？」不，事情沒有那麼單純。

◎狂牛症的病因在於蛋白質的折疊方式！

胺基酸能夠相互結合，數百個胺基酸能夠聚合成長條的「繩狀分子」，形成天然聚合物**多肽（polypeptide）**。「poly」跟聚乙烯（polyethene）的「聚」相同，希臘文為「眾多」的意思。

對蛋白質的結構來說，胺基酸的結合順序非常重要，稱為蛋白質的**平面結構**。

這種說法感覺是多肽＝蛋白質，但實際上沒有如此單純。多肽中僅有特別的聚合物，也就是只有多肽的「菁英」才會稱作蛋白質。

成為菁英的條件是**立體結構**。蛋白質注重的是多肽的「繩子」能夠確實帶有重覆性的折疊。根據折疊方式的不同，會展現不一樣的蛋白質機能。好比從乾洗店取回的襯衫，其折疊的方式非常重要，若是

雜亂揉成一團，就不能稱為蛋白質。

　　之前引發嚴重危機的**狂牛症**，就跟這種折疊方式有關。造成狂牛症的**普里昂蛋白**（prion）是牛隻體內存在的普通蛋白質，但折疊方式錯誤，也就是**立體結構不正常的普里昂蛋白導致狂牛症發作**。

◎為什麼「烤熟的肉」不會變回「生肉」？

　　蛋白質會**發生不可逆的性質變化**，生肉烤成熟肉就是個例子。烤熟的肉無論怎麼冷卻，也不會變回生肉，這就是不可逆的意思，蛋白質這樣的變化稱為**變性**。

　　比較生肉和熟肉的蛋白質，會發現平面結構沒有變化。換言之，組成多肽鏈的胺基酸種類、個數、結合順序沒有變化，**發生改變的是立體結構**。蛋白質的立體結構相當精細，外界稍有變化就會發生變性。

　　加熱是典型的變性條件，其他還會因溶液的酸鹼性（pH）、某些藥品等發生變性。**甲醛**就是其中一種藥品，具有硬化蛋白質的作用。生物實驗室中，以廣口瓶浸泡蛇、青蛙標本的福馬林（formalin）液體，是濃度約30％的甲醛水溶液。甲醛會造成「病住宅症候群」（Sick House Syndrome），便是與硬化蛋白質的作用有關。

　　酒精也是其中一種藥物。蝮蛇酒、龜殼花酒是浸泡毒蛇的藥酒，毒蛇的毒是成分為蛋白質的蛋白毒，浸泡酒精後會發生變性，失去毒性。然而，完全變性需要時間，剛浸泡不久的蛇酒可能仍殘留毒性，需小心注意。

◎吃膠原蛋白有助於美肌？

蛋白質有許多種類，血紅素、酶也是蛋白質的一種，此外還有其他各種蛋白質。

首先來看植物中的**植物性蛋白質**，與動物中的**動物性蛋白質**。動物性蛋白質分為運送酶、血紅素、血液中物質的**機能性蛋白質**，與建構身體的**結構性蛋白質**。常見的結構性蛋白質有形成毛髮、指甲的**角蛋白**，與形成肌腱、韌帶的**膠原蛋白**。膠原蛋白是建構身體的重要蛋白質，動物全部的蛋白質約有 $\frac{1}{3}$ 是膠原蛋白。果凍原料的明膠，可說是100％的膠原蛋白。

角蛋白、膠原蛋白分解後，共會產生20種的胺基酸，不會有人因吃進含有角蛋白的毛髮、指甲而髮量增生。膠原蛋白也是同樣的情況，食用後僅會分解成胺基酸，再一次形成膠原蛋白的機率，跟其他蛋白質一樣只有 $\frac{1}{3}$ 。

「微量物質」演奏生命之歌

生命體活著需要能量來維持、管理身體，而能量得由食物與消化分解的代謝裝置獲得。為此，需要前面提到的酶發揮作用。

除此之外，生命體還需要順暢運作各臟器、進行臟器間聯絡的物質。這些物質僅需要微少的量，故稱為**微量物質**。微量物質中，分為人類可自行製造的**荷爾蒙**，與人類無法自行製造的**維生素**。

◎維生素過多過少都不行

維生素分為**水溶性維生素**B、C和脂溶性**維生素**A、D、E、K。維生素B又稱為「B群」，約有8種維生素，由此可見，維生素的種類相當多種。

維生素攝取過少會引發特定症狀，必須注意不要缺乏維生素。然而，攝取過多會引發過剩症，尤其脂溶性維生素，吃進太多難以排出體外，需要小心注意。

◎荷爾蒙進行器官組織間的聯絡調整

荷爾蒙是由特定的器官組織分泌，經由血液運到特定的器官組織，發揮控制人體運作的功能。各器官組織彼此檢視、調整其他器官組織的運作，感覺就像是「政府機關間的公文傳遞」。

甲狀腺分泌的**甲狀腺荷爾蒙**即甲狀腺素，具有控制細胞成長的功用。分子結構的特徵為1分子帶有4個碘原子。

造成原子爐事故是碘的同位素[131]I。這是一種不穩定的放射性同位素，會釋出 β 射線，以8天為半衰期蛻變（變成其他元素）。β 射線對人體有害，會引發癌症等疾病。碘進入人體後會聚集到甲狀腺，轉變成甲狀腺荷爾蒙。換言之，危險的放射性碘會聚集到甲狀腺，釋放 β 射線引起甲狀腺癌。

解決辦法是，在吸收危險的放射性碘之前，先攝取普通安全的碘[127]I，讓甲狀腺的碘含量達到飽和。為此，核能發電廠附近的自治團體備有大量的碘劑，準備在事前或者事故發生時分發給居民。真是令人擔憂，希望不要發生這樣的情況。

◎費洛蒙進行生物體間的聯絡調整

在單一生物體內，荷爾蒙會進行各器官組織間的聯絡。另一方面，在微量物質當中，也有用於生物體間聯絡的物質——**費洛蒙**。學者已經在動物、昆蟲身上證實了費洛蒙的功用。最先發現的是蠶的費洛蒙，雌蠶分泌的費洛蒙 10^{-10} 公克，能夠讓100萬隻的雄蠶騷動。

如果人類間也存在這樣的物質，應該沒辦法形成社會吧。在大學沒辦法讀書學習，在公司沒辦法工作賺錢。雖然另有「費洛蒙對人類也有效果」的說法，但目前尚未獲得證實。若是真的有效，但感測費洛蒙的器官是鋤鼻器（Jacobson's organ），儘管人類的鼻孔中也有其痕跡，但大多已經退化了。

有時，電梯裡頭會殘留強烈的香水味，一些人是否可能因此失去理智呢？這點很令人疑惑。

百年來深受喜愛的香味

香水是將液體、固體的香料溶於酒精的溶液。香水的香味會隨時間變化，噴灑後10分鐘左右的香味稱為前調（Top Note）：20～30分鐘左右的香味稱為中調（Middle Note）；經過更長時間到味道散去的香味稱為後調（Last Note）。香氣變化的情況、速度，會因濃度、商品、人的體溫、場所而異。

香料一般會使用天然香料，可分為花、柑橘類等植物性香料，與麝香（musk）、龍涎香（Ambergris）等動物性香料。

著名的香奈兒（Channel）「N°5」香水，是用100%天然香料的香水混入合成香料，創造出「太陽香」而聞名。N°5發售於1921年，百年來受到世界各地人士的愛用，可說是名符其實「最著名的香水」。

第4章

拯救人類的碳元素「藥物」

人類在什麼時候會感謝碳元素王國的協助呢？應該是在為疾病、傷痛所苦的時候吧。藥物拯救人類，甜食、芳香、美酒也為人類帶來短暫的幸福。在這章，我們就來看看人類的救世主──「藥物」。

拯救生命的大自然恩寵 「天然藥物」

人類的歷史也可說是「與疾病的抗戰」。在此抗戰中，碳元素王國給予人類莫大的戰力。在碳元素王國的「居民」中，最讓人類感恩的應該就是**藥物**。

生病發燒、受傷疼痛的時候，沒有什麼比消去痛苦的一帖藥物更讓人感激。可謂是上帝的恩寵。

◎木乃伊過去被視為「萬靈藥」

人類經過長久的歷史，從自然界植物、動物、礦物等各種物質中尋獲藥物。這些知識原本是個人的經驗，靠著口述傳承下來，不久後轉為記錄成文章、書籍。

有關藥物的最古老記述出現在中國。據說西元前2740年左右的神話人物——神農氏，「親身力行嚐遍可作為藥物的植物」。統整其知識的書籍《神農本草經》，經過人們不斷傳鈔，長久以來流傳為**中藥的原典**。

古埃及也有編纂類似的書籍，據說在西元前1550年的莎草紙文書上，記載了約700種的藥品。埃及當時盛行製作木乃伊，就防止腐敗的觀點來看，他們也極需要藥物吧。過去，木乃伊是埃及貴重的輸出品，江戶時期的日本是其中一個大顧客。為什麼要進口木乃伊呢？據說將木乃伊敲碎磨成粉末，可當作「萬靈藥」使用。這可能是因為滲入木乃伊的防腐劑發揮某種藥效吧。

神農氏是神話人物，未能確定是否真有其人。據說《神農本草經》是將眾多人的知識，集結成冊的書籍。

希波克拉底。記載關於醫生使命、倫理的「希波克拉底誓詞」極為有名。

在古希臘，西元前460年左右出生的哲學家希波克拉底（Hippocrates）相當有名。據說，他被尊稱為醫學之父，相當熟習藥物，統整了數百種藥物的藥效。

10世紀左右，伊斯蘭文化盛行，阿拉伯醫學、藥學興起。這些知識在文藝復興左右傳至歐洲，經由**博物學家、鍊金術師**發展起來，成為現代藥學、化學的基礎。說到鍊金術師，或許會覺得是一群不可信的騙子，但他們對現代化學、科學基礎的貢獻，應該要給予適當的評價。

⬡ 毒和藥僅差在「分量不同」

如同「醫食同源」，所有食物都可視為藥物，自然界中存在著如此繁多的天然藥物。然而，需要注意的是，**多數的天然藥物同時也是毒物。**

日本古典戲劇——狂言《附子》的「附子」，是一種有名的烏頭毒物。烏頭會開出美麗的紫色花朵，整株植物都有毒，尤其根部特別有毒。其根為塊莖，小小一塊便能成長茁壯，新長出來的塊狀子根宛若「孩子附著」母根，故取名為「附子」。

愛奴人在有名的熊靈祭，會於弓箭上塗「箭毒」射殺棕熊。箭毒是許多民族固有的狩獵文化，但愛奴人為了讓民族免於挨餓，會將所知最強的毒物用於狩獵，而東北亞地區最毒的毒物就是附子。

然而，在中藥，附子可作為強心劑使用。當然，過量食用會令人撒手人寰。遵從醫生的指導，僅服用極少量才能發揮藥效。可見「毒和藥僅差在劑量不同」，用量非常重要。

即便在現代藥學，天然毒物的藥效仍然受到關注，愈強力的毒物，愈有可能出現強力的藥效。目前已經調查多數的天然物，最近備受注目的是**芋螺**。牠們是寶螺屬（Cypraea）的一種，但帶有強力的毒性。芋螺的毒一般稱為**芋螺毒素（conotoxin）**，具有許多變種，目前尚未瞭解其全貌。在已經解明的毒物當中，存在鎮痛效果比嗎啡強上1000倍的物質，而且已經認可為藥物。今後的研究非常令人期待。

◎拯救邱吉爾的抗生素

在現代的天然藥物中，地位最高的莫屬**抗生素**。抗生素意為「微生物分泌，用來阻礙其他微生物生存的物質」。

抗生素有許多種類，最有名的是弗萊明（Alexander Fleming）1928年在青黴菌中發現的青黴素（penicillin）。青黴素在第二次世界大戰末期，拯救了罹患肺炎的英國首相邱吉爾，這項事蹟傳遍了世界各地。

後來，人們著手研究對抗世界各地細菌的抗生素，找到鏈黴素（streptomycin）、康黴素（kanamycin）等多種抗生素。然而，有些抗生素有副作用，例如作為肺結核特效藥的鏈黴素，會使部分患者產生聽覺障礙。

抗生素最大的問題在於出現**抗藥性細菌**。抗藥性細菌是指，細菌對某藥物產生耐受性、藥效無法發揮。若細菌具有抗藥性，抗生素就會失去藥物的效果。為了避免產生抗藥性細菌，應該避免濫用、大量使用抗生素。在化學上，我們可改變抗生素分子結構的一部分，讓抗藥性細菌無法分辨新的抗生素而消滅。

人類智慧的結晶「合成藥物」

　　非自然存在、經由人工化學合成產生的藥物，稱為**合成藥物**。相對於以天然藥物為主的中醫，合成藥物被視為西醫的象徵。我們平常使用的藥物大多為合成藥物，種類相當繁多。這節就來討論阿斯匹靈吧。

◎具有120年歷史的解熱鎮痛劑阿斯匹靈

　　阿斯匹靈是解熱鎮痛劑，是1899年德國拜耳（Bayer）公司開發販售的藥劑，具有120年的長久歷史。然而，這款藥劑不但沒有衰敗過時，美國現在每年仍舊消耗重達六千公噸，儼然就是阿斯匹靈的天國。

　　雖然阿斯匹靈是合成藥物，但它是仿效天然藥物製作出來的。江戶時期的人牙痛時會咬嚼**柳**的樹枝，應該是因為具有鎮痛效果。另外，過去會將柳樹枝的根部搗碎做成刷狀，當作牙刷來使用。

　　不僅有日本人重視柳的藥效，希臘醫聖希波克拉底也有提到關於柳的藥效。日本觀音像中，藥師觀音像的其中一手就是拿著柳枝。

　　在19世紀的法國，進行了關於柳藥效的化學研究。結果，在藥效成分中發現**柳醇苷**（salicin）這個有機化合物。

柳酸＋醋酸就是阿斯匹靈

柳醇苷常見於天然物中，是**配糖體**（glycoside）中心分子與醣結合的，味道苦澀難以下嚥。於是，專家讓柳醇苷進行脫離醣的反應，中心分子氧化後得到**柳酸**。

經由臨床試驗得知，柳酸跟柳醇苷一樣具有解熱鎮痛作用。但是，柳酸有著嚴重的缺點，酸性過強會造成胃部開孔（胃穿孔）。雖然服用能夠降低高燒，但同時也會喪命。於是，學者讓柳酸與醋酸 CH_3COOH 反應，取代羥基的OH部分。

這個**乙醯柳酸**（acetylsalicylic acid），便以商品名阿斯匹靈上市販售。在幾乎沒有合成藥物的20世紀初，阿斯匹靈的效果令人驚豔，銷售大盛。

●阿斯匹靈（乙醯柳酸）的同族藥物

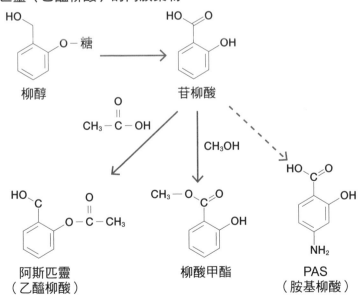

阿斯匹靈是經過不斷改良完成的解熱鎮痛劑。PAS為柳酸的誘導體，無法直接由柳酸取得。

克服不治之症「肺結核」

過去稱為「癆病」的**肺結核**，曾經被視為不治之症。患者僅能進食營養的食物增進體力，等待病症自然治癒。然而，窮人就只能活活等死，相當悲慘。

這樣的情形，即便邁入20世紀後仍舊沒有改變。日本詩人宮澤賢治的岩手老家相當富裕，但也以「頻出肺結核患者的家系」聞名。肺結核絕非遺傳性疾病，但卻是傳染病，若是家族中出現患者，其他成員也會病魔纏身。因此，據說村人經過賢治家門前時，都會掩住鼻子通過。

在這樣的背景下，賢治的妹妹惠年紀輕輕24歲就罹患結核病身亡。悲痛萬分的賢治完成詩作〈永訣之朝〉，描述臨死之際的惠向賢治要求一碗雪水。

> 請取雨雪來
>
> 值此臨終之際
>
> 為了使我一生光明
>
> 妳向我要求
>
> 如此冰清的一碗雪
>
> 謝謝妳　我勇敢的妹妹呵*

在日本，過去竟然曾有這樣的離別。

解救這般狀態的是，抗生素的**鏈黴素**和合成藥物PAS。PAS的化

---

*註：詩歌中文引用《不要輸給風雨：宮澤賢治詩集》，商周出版。

學名為胺基柳酸，是柳酸導入胺基NH_2的物質（參見85頁圖）。PAS發售於戰後不久的1945年，許多患者因PAS重返社會。正因為專家學者們的努力，戰後的日本經濟才能如同奇蹟般復興。

◎柳酸的「族譜」

由柳酸製成的藥物，並不僅只有阿斯匹靈、PAS而已。讓柳酸跟甲醇CH_3OH反應，可產生著名的肌肉消炎劑**柳酸甲酯**（參見85**頁圖**）。

柳酸本身也有其功效。柳酸具有防腐作用，可作為防腐劑用在食品以外的產品中。另外，柳酸也有軟化皮膚的作用，可用於除疣的藥物。鑑於軟化皮膚角質與防腐效果，柳酸也可用於化妝品上。

如同上述，名為「**柳酸族譜**」的化合物群，深深滲透我們的生活當中。

人類的朋友「咖啡因」「乙醇」

茶、咖啡、酒等是緩和日常生活、小憩休息時不可欠缺的飲品。這些飲品當中含有其他飲品沒有的特殊有機化合物——咖啡因和酒精。

◎ 從中國傳入日本的「茶」

茶是在十五世紀東山文化的時候，從中國引進日本，當時受到日本人喜愛的是**碾茶**。

▶茶的歷史源自奈良時代

據說，茶的歷史最早是在西元710年、距今遙遠的奈良時代，由遣唐使介紹引進日本。當時茶非常貴重，僅有僧侶、貴族階級等才能夠喝到。這個時期的茶為**團茶**或者**餅茶**，是用杵臼搗爛蒸熟的茶葉，乾燥成塊狀的團餅。飲用時，將團餅用火燒烤，搗碎成粉末，加入熱水煎煮，據說還會混入鹽、蔥、薄荷等，跟現在的茶相當不一樣。

進入1192年鎌倉時期，臨濟宗的開山祖師榮西遠渡宋朝學習禪宗，親身經歷禪院盛行飲茶。歸國後1214年，榮西向經常飲酒過量的將軍源實朝進獻可作為良藥的茶。

這個時期的茶，就是前述的碾茶。現代的**煎茶**是蒸熟茶葉，用手揉捻並乾燥，而碾茶少了揉捻這個步驟，用手將蒸熟的茶葉搓圓，乾燥成塊。飲用時，適當削刨磨成粉煎煮，再用「茶筅」（茶刷）攪拌

起泡後飲用，接近現代的**抹茶**。

▶**分化成各式各樣的日本茶**

　　日本茶除了作為飲品，還具有傳承文化的地位，是非常特殊的飲品。

　　茶剛傳入時是僧侶、貴族的特權飲品，進入鎌倉時期後，隨著在禪宗寺院傳播開來，逐漸滲透為武士階級的社交工具。邁入南北朝時期後，更發展出比賽喝茶猜產地的**鬥茶**。當時的將軍足利義滿相當愛茶，還給予特別的庇護，後來由豐臣秀吉繼承下來。

　　15世紀後半出現的村田珠光也值得一提，他改革過去享樂式的飲茶精神，創立了**侘茶（WA BI CHA）**的精神。該精神後來由武野紹鷗、千利休繼承，發揚光大成現代的**茶湯文化**。然而，對確立茶湯文化有所貢獻的人當中，有像古田織部等與眾不同者推崇如同武將豪邁的大名茶，也有尊崇宗家制度如同現代的茶道，這或許是受到相關人士強烈意志影響所致吧。

▶**用來消除睡意而流行起來的紅茶**

　　受到飲茶文化影響的並不僅只中國、日本，英國的飲茶文化也逐漸繁盛起來。不過，英國人喜歡的茶是茶葉採摘揉捻後經過發酵的**紅茶**。雖然有一種說法是「在運送綠茶前往英國的航行中，綠茶發酵變成紅茶。」但經過蒸煮的綠茶，裡頭的酵素不會產生發酵反應。

　　紅茶在英國的上流階級被當作**社交工具**，在庶民階級則是作為**消除睡意的工具**等流行起來。飲用紅茶而發達起來的茶具工業，諸如茶

杯、茶壺、糖罐、牛奶壺等，造就了皇家道爾頓（Royal Doulton）、赫倫（Herend）、麥森（Meissen）等名窯，可說是奠定了現代美麗陶瓷器文明的基礎。

▶「咖啡因」的效用

綠茶、紅茶、咖啡、可樂等皆含有**咖啡因**。咖啡因是作用於腦內中樞神經的物質，具有興奮的效果，能夠使人興奮。咖啡因在健康上具有好的一面，但過度攝取也可能帶來危害。

作為有益的一面，咖啡因能夠消除睡意，提升工作效率，並且促進血液循環，有助於消除疲勞。而且咖啡因具有血管收縮作用，對緩減頭痛也有幫助。市售的頭痛藥、鎮痛藥也含有咖啡因。

而作為有害的一面，咖啡因具有促進胃液分泌的作用，可能刺激腸胃，建議不要空腹飲用。同時，咖啡因也具有阻礙鐵、鋅等礦物質吸收的性質，為貧血所惱的人注意不要攝取過多。咖啡因屬於興奮劑的一種，服用過量會造成不易入睡、睡眠品質低落等問題。另外，咖啡因具有微弱的依存性，勉強戒除可能出現上癮症狀（禁斷症狀）。

⬡ 酒類的重要成分「酒精」

日本酒、啤酒、紅酒、茅台酒……等各種酒類的成分必定都含有**乙醇**CH_3CH_2OH，一般又稱為**酒精**。乙醇的含量是以體積%（溶質體積／溶液體積）、「度」表示，如日本酒15度（15%）、威士忌45度（45%）等。

適量飲酒有益身體健康，但過量飲用會造成宿醉、酒精中毒、肝

硬化等，陷入惡性循環。碳元素王國竟然有這號頭痛人物，真令人傷腦筋。

▶宿醉是乙醛引起的症狀

心情甚佳大量飲酒，結果隔天早上**宿醉**，整個頭痛欲裂。為什麼會發生宿醉呢？

飲酒後，進入人體的乙醇會經由**氧化酶**氧化成**乙醛**。乙醛進一步氧化成**醋酸**，最終形成二氧化碳和水排出。問題出在乙醛，這種有害物質是引起宿醉的原因。

想要防止宿醉，只要將產生的乙醛馬上氧化成醋酸就行了。為此，需要氧化酶促進反應。然而，氧化酶的產量是由遺傳決定的，父母酒量不好的人大概體內的氧化酶量也不多。這樣的人最好不要過量飲酒。

▶甲醇的毒性

甲醇（甲基醇）CH_3OH的分子結構跟乙醇類似，味道也與乙醇很像，喝下去同樣會感到酒醉。

乙醇被課徵高昂的酒精稅，而甲醇不是用來飲用，所以未被課徵酒稅。雖然日本國內沒有人這麼做，但國外有不肖業者在合成酒中添加甲醇，而不是乙醇。偶爾，報紙的角落會刊登「印度發生甲醇中毒，已經出現10位死者」等報導。同樣的事件也發生在二戰結束後不久的日本，有人「飲用甲醇後眼睛失明、喪命」等。但是，甲醇為什麼會造成眼睛失明、喪命呢？這與人體的結構組織有關。

飲用甲醇後，跟乙醇一樣會發生氧化反應，先氧化成**甲醛**再氧化成**蟻酸**（formic acid），最終產生二氧化碳和水。甲醛和蟻酸屬於**劇毒**，甲醛更以**病住宅症候群的原因物質**聞名。因此，甲醇可不是造成宿醉而已，還有可能會喪失性命。

　　那麼，「在喪命之前眼睛失明」是為什麼呢？理由如下，眼睛細胞有**視網醛**（retinal）這種醛類，視網醛照射到光後，分子的形狀會改變，視神經察覺到其變化後，會向大腦傳遞有光線進入的訊息。

　　視網醛是由有色蔬菜中的**胡蘿蔔素**形成。胡蘿蔔素在體內「氧化」後，會形成醇類的一種維生素A，接著再進一步「氧化」成視網醛。換言之，視覺的運作需要氧化酶。

　　因此，若眼睛周圍存在許多氧化酶，而進入體內的甲醇順著血液在體內移動，來到氧化酶量多的眼睛周圍時，會氧化成劇毒的甲醛，對眼睛造成嚴重傷害，因此造成失明。

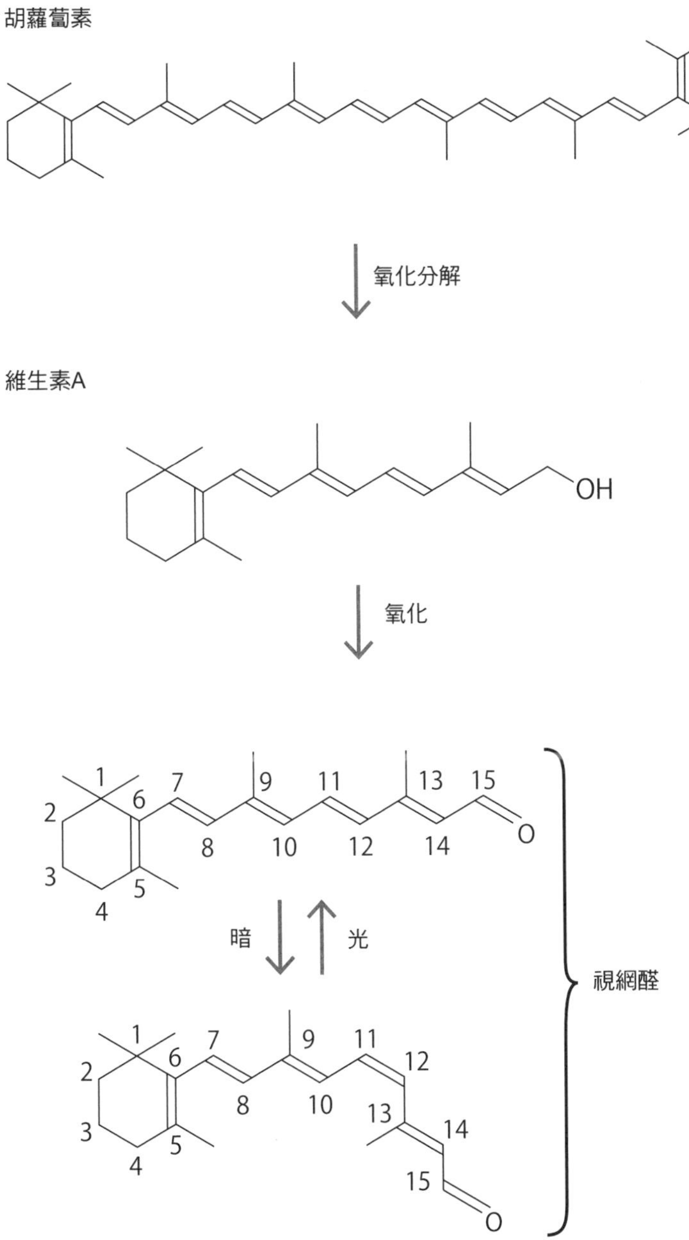

胡蘿蔔素

↓ 氧化分解

維生素A

↓ 氧化

暗 ↓ ↑ 光

視網醛

胡蘿蔔素氧化先分解成維生素A，再進一步被氧化成視網醛。眼睛細胞內的視網醛照射到光後，分子形狀會發生改變。視神經感測到此變化後，大腦就能夠辨識光線。因此，眼睛周圍存在許多氧化酶，當甲醇循環到眼睛周圍，會轉變成劇毒的甲醛，造成嚴重的傷害。

香味和氣味的真面目是有機化合物

玫瑰的香味、大蒜的氣味，不論哪種香味和氣味，都具有刺激我們想像力的魅惑力。那麼，是什麼物質產生香味和氣味呢？答案是**分子**，而且大多還是**有機化合物**。

◎人類的嗅覺是高性能感測器

人類的五感分別為**視覺、嗅覺、聽覺、味覺、觸覺**。其中，嗅覺和味覺相似，兩者的**原理皆是人類的感覺器與分子結合產生化學反應**，味覺是「味道分子與舌的味覺細胞反應」引起的，嗅覺是「氣味分子與鼻子的嗅覺細胞反應」引起的。

味覺和嗅覺的差別在於，引起感覺需要的分子個數。氣味僅需遠少於味道的分子，就能興奮感覺器。這項差異不是分子的不同，而是感覺器的感度、精度。在古老的原始時代，人類是靠聽覺和嗅覺察覺有害野獸接近。敏銳地感覺少量分子，正是嗅覺的使命。

後面**第5章**登場的麻藥，有下述幾種使用方法：

①**服用**──以溶液型態由胃部吸收。

②**注射**──直接注入血管。

③**吸入**──以氣體型態由鼻子吸取。

其中，最有效果的是**吸入**，因為鼻子的位置**接近**在大腦扮演重要角色的**海馬迴**。

◎現在仍舊謎團重重的「香料化學」

　　香料的種類繁多，結構也林林總總。「什麼樣的分子結構會產生什麼樣的香味？」是化學家最感興趣的課題，但目前仍有許多不明瞭的地方。

　　我們不時會碰到幾乎相同分子產生不一樣的氣味、完全不相關的分子卻產生相同的氣味。**下圖**所示的8個分子分別為不同的分子，各位看得出它們有何不同嗎？

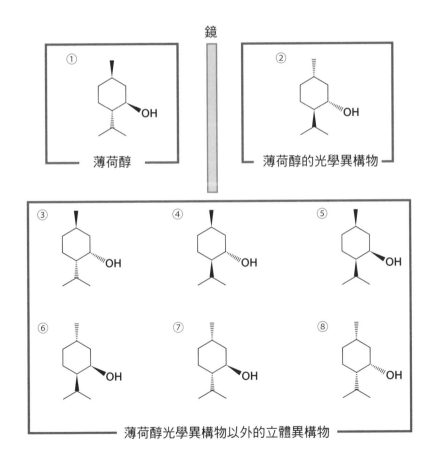

薄荷醇光學異構物以外的立體異構物

這些是2-4提到的不對稱碳所形成的立體異構物。其中，僅有①是薄荷、薄荷醇的氣味分子。這是分子結構些微不同，就會影響氣味的例子。

雄的麝香鹿散發的麝香，被認為是最棒的香味之一，但其氣味分子——麝香酮（muscone）分子結構卻如**下圖**極為單純。簡單來說，麝香酮是僅由15個碳組成的環狀化合物，接上氧O和甲基CH_3的結構。試著合成各種類似物嗅聞，可發現沒有甲基CH_3的麝香味比較強烈。然後，試著改變環的大小，可發現環十五烷酮（n=12）的氣味最為強烈。這是「相似結構的分子具有相似氣味」的例子。

然而，問題是**下頁圖**的分子X也具有麝香味。麝香酮和分子X之間毫無化學上的關聯，兩者卻具有相同的氣味。另外，具有苯環和硝基NO_2的分子X，則被懷疑是致癌物質。

●麝香酮的分子結構

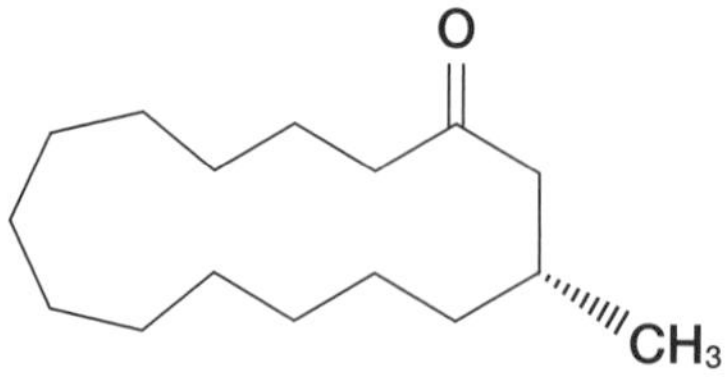

●環的大小會影響氣味的強弱

n	10	11	12	13	14	15
氣味	弱	弱	最強	強	弱	弱

●分子X

NO$_2$

H$_3$C ⬡ CH$_3$

CH$_3$ — C — CH$_3$

CH$_3$

吸入麝香酮，宛若漫遊世外桃源般的舒暢，但吸入分子X，則像是誤闖世外桃源，一不小心卻會跌入萬丈深淵。

◇不勝枚舉「調味料的化學」

味道被分為甜味、酸味、鹹味、苦味。擅長區分味道的日本人，將這四味再加上**鮮味**形成五味。

產生鮮味的中心分子，是昆布所含的胺基酸**麩胺酸**，以商品名「味之素」聞名全世界。然而，鰹魚的**肌苷酸**（inosinic acid）、貝類的**琥珀酸**（succinic acid）等，後來也被認為是鮮味的成因。近年有人認為，油脂的味道也應該算進鮮味之中。

▶日本引以為傲的各種發酵調味料

不同的國家有著獨特的調味料，日本引以為傲的是以**發酵**製成的**發酵調味料**。醬油、醋、味噌、味醂等全部都是發酵產品，用來少量提味的酒也是發酵製成，跟發酵沒有關聯的調味料大概只有蔗糖和鹽。就連「味之素」，最近也改以發酵製成。

如我們所知，發酵是**微生物引起的化學反應**。發酵是食物經由微生物產生酵素分解，反應生成新的化學物質。此時，反應也有可能會產生有害物質，這可區分為是**腐敗**。

有益的發酵主要來自產生酒精的**酵母**、產生乳酸的**乳酸菌**等。乳酸菌會產生乳酸，乳酸也具有消滅有害微生物的優點。除了酵母，日本酒也會使用乳酸菌釀製，「山廢釀造」這個用詞就是描述使用乳酸菌的酒類。

▶表示「辛辣」程度的「史高維爾指標」

料理少不了辛嗆味，例如四川料理的辛辣、壽司芥末的嗆香等，但辛辣不被認為是味覺的一種。辛辣不是味覺而是痛覺，這麼一說大家是否明白？

史高維爾指標（Scoville Scale）可表示辛辣的程度。**下表**列舉幾項辛辣物質的數值，數值愈大表示愈辣。

辛辣物質	主要生產地	史高維爾指標
卡羅萊納死神辣椒	印尼	**3,000,000**
斷魂椒	孟加拉、印度	**1,000,000**
哈瓦那辣椒	墨西哥	**100,000～350,000**
小米辣	日本（沖繩）	**50,000～100,000**
鷹爪辣椒	日本	**40,000～50,000**
塔巴斯科辣椒	墨西哥、美國	**30,000～50,000**

日本的鷹爪辣椒有5萬。以辛辣聞名的哈瓦那辣椒有35萬，是鷹爪辣椒的7倍。最辣的辣椒高達300萬，日本對辛辣的接受度或許算是相對保守。

日本人對辣椒和芥末同樣會用「辣」來描述，但有外國人主張，芥末的味道應該跟辛辣是不同的感覺。這一點我們應該有察覺到，辣椒對舌頭造成的「辛辣」，跟芥末對鼻子造成的「嗆辣」感覺不太一樣。以科學的角度來分析辛嗆味並不容易。

芥末的嗆香成分具有高揮發性，長時間保存的芥末泥會失去嗆香。這會運用到**超分子化學**的知識，超分子的內容留到**第8章**再討論，簡單說就是分子聚集而成的高維結構體。因為是超越分子的分子，故稱為超分子。

最簡單的超分子是由兩個分子組成，宛若主人和客人之間的關係，所以又稱為**主客分子**（host-guest molecular）。

以芥末來說，嗆香分子是受到招待的客分子；從事招待的主分子是形似浴缸（浴槽、浴桶）的環糊精（cyclodextrin）。嗆香分子完全被包圍在桶中，失去翱翔外界的能力。

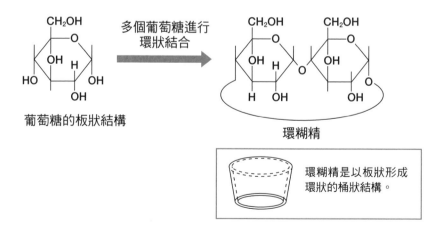

葡萄糖的板狀結構

多個葡萄糖進行環狀結合

環糊精

環糊精是以板狀形成環狀的桶狀結構。

▶不斷追尋甜味

在西元1001年平安時期清少納言的《枕草子》中，提到炎夏最棒的是「金屬容器中裝入削冰再澆淋甘葛汁」。甘葛汁是藤蔓分泌的甘甜樹汁，換言之指的是現代剉冰。在當時，剉冰是如夢幻般的奢侈品。

無論哪個時代，人們都喜歡甜的東西。現代人傾向認為「甜味＝蔗糖」，但在沒有蔗糖的時代，人們是如何確保甜味的呢？各位不需要擔心，甜味並不僅限於蔗糖，還有甘葛汁、蜂蜜、果實、乾柿、糖果……不勝枚舉。

到了現代，除了這些天然甜味劑，還出現了許多**合成甜味劑**。合成甜味劑的代表例子就是1878年開發出來的**糖精（saccharin）**。糖精比蔗糖還要甜上數百倍，在渴求甜物的第一次世界大戰中的歐洲一躍成名。繼糖精後出現的是**甜精**（dulcin，甜度是蔗糖的250倍）、**甜蜜素**（sodium cyclamate，甜度是蔗糖的60倍）。然而，後來發現這些合成甜味劑有毒性，甜精遂被禁止使用。

隨著合成甜味劑的研究大幅進步，現在有**阿斯巴甜**（200倍）、**安賽蜜**（250倍）、**蔗糖素**（600倍）等，如雨後春筍般冒出。

那麼，目前已知的物質中什麼最甜呢？答案是一種名為Lugduname的化合物。這大概沒有什麼人聽過，因為尚未進入實用化的階段。儘管如此，Lugduname的甜度不容小覷，據說有蔗糖的30萬倍（！）。一想到不久後「販賣機中可能出現添加這般物質的飲料水」，就覺得碳元素王國「好像做得有點太超過了」？

●常見合成甜味劑的結構式

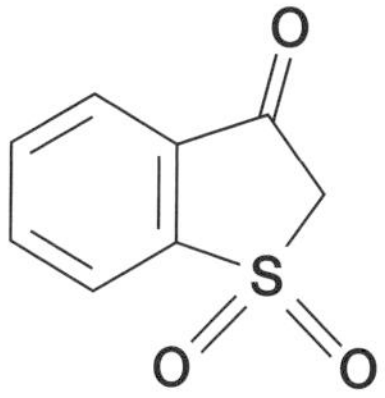

糖精

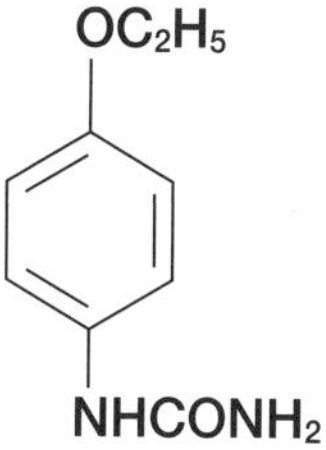

甜精

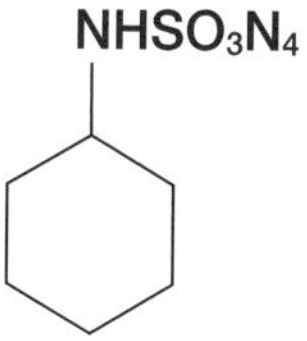

甜蜜素

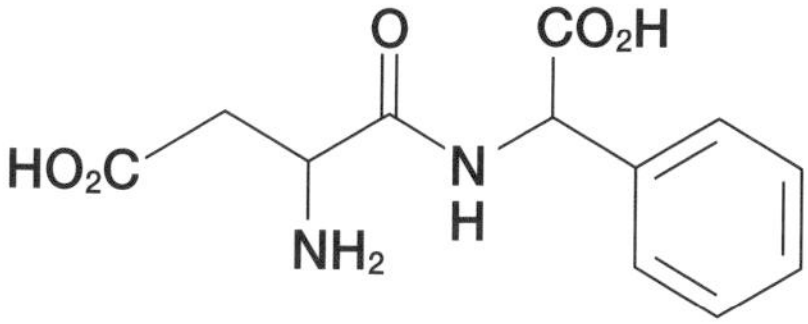

阿斯巴甜

安賽蜜

在信奉減肥的現代，比起熱量高的天然甜味劑，人們傾向選擇熱量低、甜味強的合成甜味劑。

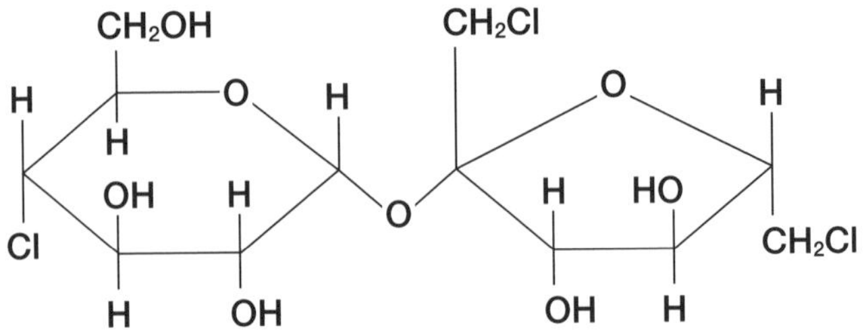

蔗糖素

蔗糖的600倍甜。

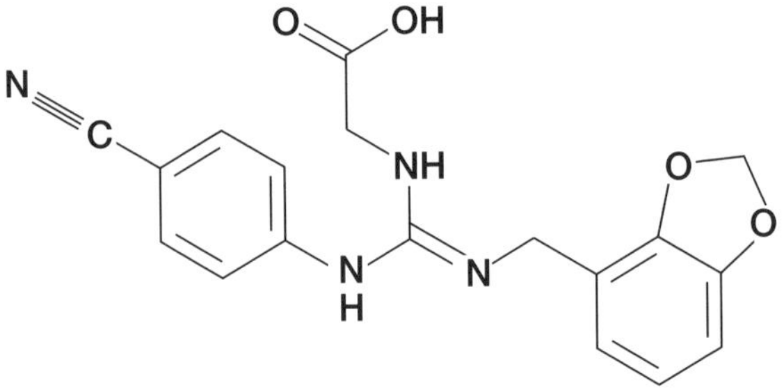

Lugduname

蔗糖的30萬倍甜，但還不知有無毒性，尚未實用化。

第II部

支配生命體的碳元素王國

第5章

讓人痛苦的碳元素王國死神——「有毒物質」

碳元素王國也有恐怖居民——有毒物質。毒物存在於植物、動物、礦物等所有物質中，歡樂的餐桌上也有含毒的食物。在漫長的歷史當中，人類學會了避免毒物、無毒化的方法。

「有毒物質」的基礎知識

碳元素王國中，有一些物質會奪人性命──有毒物質（毒物）。跟救助性命的藥物相反，毒物是可怕的物質，但如同前述，根據使用方式也可成為重要的藥物。毒反映了人的內心，總是如影隨形，貼近人類。毒物的可怕之處不在於其本身，恐怖的應該是使用者的心。

◎少量使用也會造成危害

危害人的健康、縮短性命的物質，稱為**毒物**。食物照理來說不是毒，但若問「完全無害嗎？」卻又不能完全斷言。

無論是哪種食物，過度攝取都會危害健康。例如蔗糖，若攝取過多會造成糖尿病，縮短性命。2007年，美國舉辦了飲水大賽，獲得亞軍的女選手回到家後竟然撒手人寰。她可能是發生水中毒，細胞的離子平衡崩解導致滲透壓異常。

然而，沒有人會說蔗糖、水是毒。希臘有一句格言：「量多為毒」，無論什麼東西，大量攝取就會造成危害。換言之，毒是少量即會使人喪命的物質。**下表**是毒物的一般指標。

●人類口服致死劑量（每公斤體重）

無毒	多於15g
少許	5～15g
相較強力	0.5～5g
非常強力	50～500mg
劇毒	5～50mg
超劇毒	少於5mg

「無毒」的指標是攝取「多於15g」，
但任何物質攝取過多都可能有害。

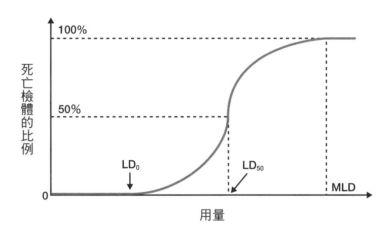

S形曲線（sigmoid curve）關係圖。MLD為最低致死劑量（Minimum Lethal Dose）。

◎檢體半數死亡的「半致死劑量LD$_{50}$」

　　攝取一定劑量會導致喪命的稱為**致死劑量**（LD：Lethal Dose）。
致死劑量有許多種類，比較準確的是**半致死劑量LD$_{50}$**。

　　測量方式如下：準備100隻老鼠檢體，每次投與少量毒物，緩慢
增加劑量，劑量少時沒有檢體死亡，但當到達一定劑量後開始出現檢
體死亡。然後，提高到某個劑量會造成半數的檢體死亡。這個半數檢
體死亡時的服用量，即稱為LD$_{50}$（參見**上圖**）。劑量是以檢體的每公

斤體重表示，所以體重70公斤的人需服用此劑量的70倍。

　　然而，這是針對老鼠以外檢體的劑量，毒物敏感度會因不同生物而異，所以這僅只是參考值。**下表**按照毒性強弱排序，呈現有毒物質排行榜，其中各毒物的詳細介紹留到下節解說。

●有毒物質排行榜

名次	毒物名稱	半致死劑量 LD$_{50}$（μg/kg）	來源
1	肉毒桿菌毒素	0.0003	微生物
2	破傷風毒素（tetanus toxin）	0.002	微生物
3	蓖麻毒素	0.1	植物（蓖麻）
4	沙海葵毒素	0.5	微生物、魚
5	河豚毒素	10	動物（河豚）／微生物
6	VX	15	化學合成
7	戴奧辛	22	化學合成
8	烏頭鹼	120	植物（烏頭）
9	沙林（毒氣）	420	化學合成
10	眼鏡蛇毒素	500	動物（眼鏡蛇）
11	尼古丁	7,000	植物（菸草）
12	氰酸鉀（KCN）	10,000	化學合成

（單位換算）1000μg＝1mg 1000mg＝1g
改編自船山信次／著《圖解雜學　毒物化學》（日本夏目社，2003年）

碳元素王國的「暗殺者」

我們的周遭存在各種毒物，種類多到令人吃驚。其中也有些毒物不含碳，如砷As、鉈Tl、鎘Cd等。

然而，絕大多數的毒物皆含有碳，它們都屬於碳元素王國的居民。**碳元素王國的毒物，會若無其事地潛藏在不顯眼的場所。**

平常，我們會無意識地避開毒物，但有時還是會意外暴露於毒的危險之中。下面就來討論常見的毒物吧。

◎細菌的毒：肉毒桿菌毒素、破傷風痙攣毒素

在有毒物質排行榜中，名列前茅的**肉毒桿菌毒素**（botulinum toxin）、**破傷風毒素**（tetanus toxin）兩者都是微生物（細菌）分泌的毒物。「toxin」代表生物產生的毒素。

肉毒桿菌毒素會引起肉毒桿菌中毒，是肉毒桿菌分泌的毒物。肉毒桿菌為討厭氧氣的**厭氧菌**，會在罐頭、醃漬物中繁殖。

1984年，熊本縣企業生產的真空包裝「芥末蓮藕」，曾經引發全國36人肉毒桿菌中毒、11人死亡的事件。

肉毒桿菌毒素是神經毒，會鬆弛肌肉，可用於去除眼角皺紋等醫學美容方面，細菌也有令人驚豔（？）的使用方式。

◎圍繞在我們身邊的「植物毒」

有毒植物種類眾多，含有劇毒**烏頭鹼**（aconitine）的**烏頭**毒草最為著名，但在插花材料、市售的園藝植物當中，還有其他許多花卉具有毒性。

▶水仙、鈴蘭、菸草含有什麼毒？

水仙的葉子常被誤以為是韭菜，幾乎每年都會發生誤食造成的意外。近來傳出鈴蘭的根「被誤認為薤蔥而食用」的事故。園藝用的植物有些是有毒花卉，務必閱讀植株的注意說明事項。

鈴蘭的毒相當強，尤其對心臟效果明顯。曾有過兒童誤飲鈴蘭的插花水，結果喪命的事故。鈴蘭的花束散發芳香，雖然看似浪漫，但可能因此賠上性命。

前面的有毒物質排行榜，氰酸鉀（氰化鉀）KCN上面是**尼古丁**。換言之，比起懸疑劇常出現的氰酸鉀，菸草的尼古丁是更強力的毒。過去，曾經傳聞「3根紙捲菸草能夠殺死成人」。雖然不能稱為毒物，但香菸另含有的焦油具有致癌性。因此就許多方面來說，抽菸是需要警惕的行為。

▶「蓖麻毒素」是最強的植物毒素

有毒物質排行榜第三名是**蓖麻毒素**（ricin）。蓖麻毒素是從花朵美麗的蓖麻種子取得的毒物，被視為**最強的植物毒素**。蓖麻毒素歸類為蛋白毒，這種毒的毒性很強，僅需1分子就能殺死1個細胞。

蓖麻的種子是**蓖麻籽油**的原料。蓖麻籽油大量用於工業、醫療業，由於每年有100萬公噸的蓖麻種子榨油，因此令人疑惑是否可從

殘渣取得大量的蓖麻毒素,但還好榨取蓖麻籽油會用高熱焙炒種子,蓖麻毒素是蛋白質,加熱後會變性成無毒。不過,還是建議懷孕中的婦女少碰蓖麻籽油。

▶其實「蕨菜」具有毒性!

蕨菜(Pteridium aquilinum)是一種美味的野菜,但含有致癌性毒物**原蕨苷**(ptaquiloside)。原蕨苷具有短暫性的毒性,一些放牧的牛隻吃到會排出血尿、倒地昏迷。

然而,人類食用蕨菜卻沒有發生問題,這是因為在食用之前會**去除澀味**。去除澀味是指,以溶解木灰的鹼液或碳酸氫鈉(小蘇打)加水滾煮的步驟。鹼液、碳酸氫鈉水為鹼性,可使原蕨苷加水分解成無毒的物質。祖先的智慧真是不容小覷。

▶行道樹的「夾竹桃」帶有劇毒!

行道樹的**夾竹桃**帶有劇毒,從花到根都有毒性,根部周圍的土壤也會被毒素汙染,真是毒得相當徹底。不僅如此,燃燒折斷的夾竹桃樹枝所產生的煙霧也有毒性。過去曾經發生過使用夾竹桃樹枝烤肉的意外事故。因此,種植這樣的植物作為行道樹,需要注意毒性的問題。

▶帶有悲傷故事的「石蒜」

入秋後,**石蒜**的紅就會布滿遍野。石蒜的根帶有毒性,但它們是靠根莖繁衍,需要人類種植才有辦法增生。為什麼要種植這種毒草呢?理由有兩點。

其一，可用來防止鼴鼠等地底動物靠近。鼴鼠會在田埂處挖洞，造成灌溉水流失，對稻作帶來傷害。為了防止這樣的情況，農夫會在田裡種植石蒜。另外，墓地長有許多石蒜也是相似的理由。以前的人採取土葬，哀傷地埋葬了重要的親人後，種植石蒜可防止遺體遭到動物破壞。

另外，石蒜可作為救急作物。以前的人經常遇到饑荒，饑荒時最後的食物是救急作物。石蒜的根含有**石蒜鹼**（lycorine）毒物，沒辦法直接食用，但石蒜鹼為水溶性物質，仔細用水清洗便可洗去毒素，最後留下澱粉食用。然而，味道不怎麼好吃，僅有饑荒的時候才有人食用。

石蒜不受日本人喜愛，這可能跟其形象為「伴隨著人類悲傷的花朵」有關。

⬡蕈菇的毒：烹煮、煎烤都沒辦法消除

入秋後，經常發生蕈菇中毒的事件。生長在日本的蕈菇種類多達4000種，僅有三分之一具有學名，據說另外三分之一全是有毒蕈菇。蕈菇的毒大多不是蛋白質，而是普通的小型分子。換言之，**無論怎麼烹煮、怎麼煎烤，都沒辦法消除毒性**。處理野生蕈菇時，須小心注意。

▶意外事故頻傳的「杉平菇」

杉平菇過去被認為無毒，能夠拿來食用。然而，2004年，患有腎臟疾病的人食用後，相繼發生急性腦病變。經由這次事件，人們瞭解

了杉平菇具有毒性後，患者人數突然增加，當年日本東北、北陸九縣就出現59位中毒者，其中17人死亡。其中還有不是腎臟病患的人。

　　杉平菇的中毒原因、有毒物質皆還在調查當中，真是不尋常的事件。說不定這些人是因為其他原因食物中毒，又或者其實可統整為某種病症，亦或是因為知道杉平菇有毒，才在體內發現有毒物質。

▶小心劇毒！「火焰菇」

　　以前是不常見的菇類，但近年可在住宅區發現，因此偶爾會在報紙上看到。**火焰菇**如同其名，彷彿火焰般顏色紅豔，從根部長出分枝，形似人手，令人毛骨悚然。

　　它的長相應該沒有人想要食用，火焰菇帶有劇毒，吃下去會喪命，即便救治也會因小腦萎縮殘留運動障礙。就算沒有食用，僅是用手觸摸也會引起嚴重的發炎症狀。正所謂「君子不立於危牆之下」啊。

▶隔天肯定宿醉的「墨汁鬼傘」

　　這種菇白白的很可愛，但經過一晚就會變黑像墨汁，故得此名。據說煮食後相當美味，但如果有人吃了，隔天可是會宿醉得非常痛苦。雖然治療後能夠恢復，但不適狀態會持續數日，每次食用都會產生強烈宿醉感。對於想要戒酒的人來說，或許是不錯的良藥。

◎海鮮類毒素多為劇毒

　　許多海鮮類都有毒性，珊瑚礁的海鮮類更具有劇毒，**沙海葵毒素**如2-5所示。

▶河豚毒「河豚毒素」

河豚的毒稱為**河豚毒素（tetrodotoxin）**。tetro（tetra）是希臘文的數字「4」，odo是「牙齒」，toxin是「毒」的意思，也就是「4顆牙齒的毒素」。人們經常描述河豚的特徵為：以4顆尖銳的牙齒咬斷釣線逃走。

河豚有著許多種類，從看似可愛無辜的無毒物種兔頭魨（Lagocephalus），到如水紋尖鼻魨（Canthigaster rivulata）全身劇毒的猛者，需要小心注意。美味的虎河豚（紅鰭東方魨Takifugu rubripes）毒素僅存在於血液、肝臟、卵巢，去除這些部分就能夠食用。近來，因為海水暖化，北海道也能夠捕捉到虎河豚。

雖然日本的河豚調理師執照受到條例規範，但各縣的執照獲得條件不一，有些縣需要通過實技測驗，有些縣僅需出席研習就行了。僅由裝框的執照，無法知道師傅是怎麼獲得執照，或許類似一些大學測驗「考生全部合格」的情況，並非人人的技術都純熟。

河豚的毒不是牠自己產生的，而是藻類產生的毒，經由食物鏈累積在河豚體內。因此，在沒有毒餌的環境下，養殖的河豚是沒有毒性的。但是，若將有毒的天然河豚和無毒的養殖河豚置於相同水槽飼養，養殖河豚也會變成有毒。另有說法是，河豚體內帶有產生毒素的細菌，是細菌感染養殖河豚所導致。

▶同時服下「河豚毒」與「烏頭毒」會如何？

河豚毒素跟**烏頭鹼**同樣為**神經毒**，但兩者對神經細胞的作用方式相反，換言之，兩者是對立關係。那麼，同時服下這兩種毒會發生什

麼事呢？

　　這樣的事真的發生過，亦即1986年的「沖繩烏頭殺人事件」。為了解開事件的真相，檢警進行了讓老鼠服下河豚毒素和烏頭鹼混合物的實驗。結果，**兩種毒在體內相互抵銷**。當兩者的量相等，老鼠什麼事情都沒有發生，但若其中一種比較多，較多的毒素會殺死老鼠。

　　關鍵是，**在兩種毒素相互抵銷的期間，老鼠能夠正常存活**。犯人可利用這段長達數小時的時間，製造不在場證明。上述殺人事件的犯人最後被判無期徒刑，於2012年病死獄中。

▶螫刺注入毒素：魟魚、鰻鯰、刺冠海膽

　　魟魚尾巴的根部有著大而尖銳的棘刺，被刺到注入毒素可是會苦不堪言。在海中如同鰻魚形成球狀集團的**鰻鯰**，棘刺帶有毒性，據說被刺到很痛苦，「連漁夫也臥床不起」。

　　海膽全身上下都是刺，被螫到雖然很痛，但沒有毒性。不過**刺冠海膽**（Diadema setosum）例外，不僅帶有毒性，針刺還會折斷殘留體內，需要小心注意。

▶帶有河豚毒素的「藍紋章魚」

　　最近，**藍紋章魚**（Hapalochlaena）在日本岩礁地帶出沒，蔚為話題。過去僅存在南洋地區，但隨著日本近海的海水溫上升而北遷。

　　這是小型章魚，受刺激發怒時全身會布滿藍色的環紋，因為花紋跟豹相似，所以日文稱為豹紋章魚（ヒョウモンダコ）。藍紋章魚個性兇猛，生氣時會進行口器攻擊，將河豚毒素注入被害者體內。

「若是這樣就直接把牠吃掉」，但不行這麼做，因為河豚毒素就算烹煮、煎烤過後仍具毒性，食用藍紋章魚會變成跟吃毒河豚一樣。

⬡ 哺乳類也有毒性：鴨嘴獸、樹鼩……

有毒哺乳類種類稀少，但並不是沒有。其中之一是外型奇特的哺乳類——**鴨嘴獸**。牠們爪子上的毒雖沒有致死性，但被抓到可是會折騰數天到數個月之久。

樹鼩（shrew）是體長約10公分的小型鼠類。牠們的身體無法儲存能量，必須不斷進食，若數小時未進食就會餓死。唾液帶有毒性，在狩獵時會注入唾液，麻痺獵物。

⬡ 鳥類也有毒性：紅頭伯勞

中國古書記載了帶有劇毒的鳥類——**鴆**，據說牠以毒蛇為食，全身上下皆有毒性，羽毛也帶有劇毒，用羽毛泡成的鴆酒可用於暗殺，這樣的方法稱為「鴆殺」。不過，有學者認為，「這是中國編造出來的故事，實際上並沒有毒鳥」。

然而，1990年，在新幾內亞，同時發現了三種有毒鳥類，牠們皆是**紅頭伯勞**（Lanius bucephalus）的同類。這些鳥是很早以前人們就知道的鳥類，只是過去不認為牠們具有毒性。

據說，學者是先意外地發現其中一種有毒，接著調查類似的鳥類，才發現另外兩種也有毒。這些鳥類的毒跟以劇毒聞名的**箭毒蛙**（Dendrobatidae）相同，都是$LD_{50}=3\mu g$的劇毒。每隻鳥的皮膚含

量有20μg，羽毛含量有3μg，因此若想要殺害體重70公斤的大人，

需要 $\dfrac{3\times70}{20+3}$ ≒10隻左右。

鴆的想像圖。想要僅以鴆的羽毛殺人，需要的羽毛量多到可作成羽毛被，簡直就是「白髮三千丈」的境界。

◎爬蟲類的毒：毒蛇最具代表性

說到爬蟲類的毒，就想到**蛇類**的毒，如蝮蛇、眼鏡蛇等，都是可怕的有毒生物。

▶日本毒蛇：蝮蛇、龜殼花、虎斑頸槽蛇

提及日本毒蛇，少不了**蝮蛇**和**龜殼花**。虎斑頸槽蛇（Rhabdophis tigrinus）雖然也有毒性，但過去認為「沒有嚴重到危及性命」。然而，1984年，愛知縣有兒童被虎斑頸槽蛇咬傷後死亡，立刻備受矚目。結果，人們發現了一項令人意外的事情。

日本毒蛇中，毒性最弱的是龜殼花毒，蝮蛇毒是其3倍，而虎斑頸槽蛇毒又是蝮蛇的3倍，亦即強度是**龜殼花毒的9倍**。不過，毒蛇體型的大小順序是龜殼花＞蝮蛇＞虎斑頸槽蛇，所以被蛇咬傷時注入的毒素量和強度，會是龜殼花＞蝮蛇＞虎斑頸槽蛇。

醫院都備有蛇毒的血清，萬一被蛇咬傷，務必記住蛇的特徵，再趕緊前往醫院救治。

▶克麗奧佩托拉七世飼養的蛇是「眼鏡蛇」？

蛇毒都是蛋白毒，分為**神經毒**和**出血毒**兩大系統。神經毒會破壞人體全身的神經系統，死亡率高但傷口和後遺症輕微。而出血毒是消化酶的一種，被咬傷後患部會劇痛腫脹，引起內臟出血等症狀，雖然死亡率比神經毒低，但會造成組織壞死，留下嚴重的後遺症。

埃及女王克麗奧佩托拉七世（Cleopatra VII Philopator）是重視名譽與榮耀的女王，戰敗時不願忍辱求生，寧可高潔死去。因此，據說克麗奧佩托拉熟習毒物和毒蛇的知識。

克麗奧佩托拉飼養了**鎖鏈蛇**和**眼鏡蛇**，前者為出血毒、後者為神經毒。熟知蛇類的克麗奧佩托，不可能選擇會蒙受多餘痛苦的蛇隻，學者認為「她選擇的應該是眼鏡蛇」。然而，克麗奧佩托並未立即身亡，反而遭到敵方攻入捕獲。造成這種事發生的原因，可能是使用了「眼鏡蛇＋其他毒物」的結果。

◎含碳的無機物毒

無機物中也有含碳的物質，典型的例子如前述氰酸鉀（正式名：氰化鉀）KCN聞名的**氰化物（氰酸化物）**。

▶讓氧氣無法到達細胞的氰酸鉀毒性

氫酸鉀是**呼吸毒**。所謂的呼吸毒，不是造成無法呼吸，而是阻礙肺吸入的氧氣運至細胞。雖然患者拚命活動肺部呼吸，吸入的氧氣卻無法到達重要的細胞。

呼吸作用，簡單說就是如下過程：肺部吸入的氧與血紅素的鐵結合，血紅素乘著血流運至細胞，將氧氣讓渡給細胞後，沒有氧的血紅素再度回到肺部。如同上述，血紅素會藉由往返運輸，將肺部的氧氣運送至細胞。

然而，若是出現氫酸鉀產生的氰酸離子CN^-，血紅素就不會跟氧鍵結，而是搶先跟CN^-結合。CN^-會纏著血紅素不放，造成氧氣的往返運輸停擺，氧氣無法從肺部送到其他器官組織中。**一氧化碳CO**也是相同作用原理的呼吸毒。

▶ 具有工業用途的氰酸鉀

　　氰酸鉀是劇毒，但並不存在於自然界，是人工製造的物質。為什麼需要特地製造這樣的劇毒呢？因為氰酸鉀**具有工業用途**。

　　許多人會說黃金沒有辦法溶解，但若無法溶解，不可能完成鍍金加工。黃金可溶於各種物質中，許多人都知道，黃金可溶於硝酸混合鹽酸的王水，但應該少有人曉得黃金可溶於碘酒吧。金箔放入碘酒中會溶解，黃金也能溶於液體金屬的水銀，溶成泥狀的合金，作成金汞齊（金汞合金）。

　　這種金汞齊塗於佛像上，再以碳火烘烤，沸點較低（357℃）的水銀會先轉為氣體蒸發，僅留下金。這是過去奈良時期的鍍金方式。**問題在於蒸發的水銀**，水銀是造成水俁病的知名毒物。或許因為籠罩在水銀蒸氣下，奈良盆地才為水銀汙染所苦。平城京遷都長岡京約80年，據說也是因為水銀公害的問題。

　　同樣能夠溶解黃金的還有**氰酸鉀水溶液**。直到最近，電力鍍金都是在氰酸鉀水溶液中進行。氰酸鉀水溶液也被用於採掘黃金，金礦的含金比例非常微小，打碎礦石用肉眼找尋的方式缺乏效率。於是，人們會將打碎的礦石浸泡氰酸鉀水溶液，讓金溶出至水溶液中。之後，去除礦石，剩下溶解黃金的水溶液，再以化學處理就能取出黃金。

　　實際上，溶解黃金不是使用氰酸鉀KCN，而是使用化學上等價的氰酸鈉NaCN，據說日本的生產量，每年就得使用重達3萬公噸的氰酸鈉溶液。氰酸鉀的口服致死劑量為0.2公克，不妨算算看，3萬公噸是多少人的致死劑量。

Column6 　二氧化碳的危險性？

　　大家應該都知道一氧化碳CO是危險物質，卻認為「二氧化碳CO_2是無害的」吧，但這可大錯特錯。當空氣中的二氧化碳濃度超過3～4％，會引起頭痛、暈眩、嘔吐等症狀，超過7％時會失去意識數分鐘。若持續這樣的狀態，人會因麻醉作用導致呼吸停止、死亡。

　　乾冰是二氧化碳的固體，若在狹窄密閉空間氣化，濃度會超乎想像得高。另外，二氧化碳是比空氣重1.5倍的氣體，在汽車內會堆積下沉，即便成人沒有事情，睡在椅子上的嬰兒可是很危險的。

　　乾冰裝入密閉的瓶罐會發生爆炸，曾經發生過乾冰裝入墨水瓶中爆炸，導致人們喪生的事故。有時，有些東西實潛藏著意想不到的危險性。

5
3
毀滅人心的碳元素王國「麻煩人物」

　　毒品和**興奮劑**都屬於毒物，主要作用於大腦。毒品奪走大腦活力、興奮劑刺激大腦工作，但作為毒物，實際上的作用卻大不相同。兩者都是讓大腦**神經細胞的訊息傳遞系統錯誤動作**，並造成患者無法脫離藥物，最終破壞大腦和身體，形同廢人。

　　毒品和興奮劑可說是碳元素王國中，最為恐怖、「毀滅人心的王國居民」。

◎正常的大腦運作與異常的大腦運作

　　大腦是**神經細胞**的聚集體，神經細胞的細胞很長，有些神經細胞甚至長達數十公分。神經細胞是由頭（細胞本體）和尾巴（軸突）所組成，頭有形似植物根的**樹狀突起**，尾巴有主根狀的**軸突末端**。

▶正常狀態

　　大腦發出的指令，透過神經細胞傳遞給肌肉，途中並非僅有一條神經細胞，而是經過好幾條神經細胞來傳遞。樹狀突起會跟另一條神經細胞的軸突末端纏繞在一起，但實際上並沒有接觸，這個部分稱為**突觸**（synapse）。

　　訊息會由神經細胞的頭（樹狀突起）進入，透過尾巴抵達軸突末端，由軸突末端釋出**多巴胺**（dopamine），傳遞至下個細胞的樹狀突起，將訊息不斷傳遞下去。

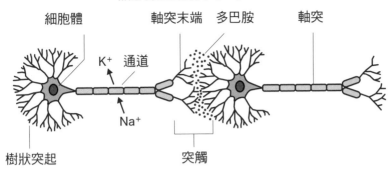

訊息傳遞的方向（→）

細胞體　　　軸突末端　多巴胺　　　軸突

K⁺　通道

Na⁺

樹狀突起　　　　　　突觸

多巴胺釋放，進入樹狀突起，完成傳遞訊息的使命後，多巴胺會離開樹狀突起，返回原本的軸突末端，等待下一次的出勤。這是正常大腦運作的情形。

▶**異常狀態**

　　然而，毒品和興奮劑等藥物，會作用於軸突末端，造成釋放多巴胺的混亂。結果，與樹狀突起結合的多巴胺數量增加，訊息的傳遞被誇大。而且，釋放的大量多巴胺充滿突觸，使得**細胞持續興奮**。

　　在這樣的狀態下，起初人們會產生幸福的欣快感（Euphoria），但這僅是虛假的幻覺，藥效消失後，徒留莫名的失落感，結果促使人們要再度服用藥物。反覆服藥的過程中，為了獲得欣快感，服用的藥量逐漸增加（**耐受性**）。不久，因罪惡感或者金錢上的理由停止用藥（斷藥），就會出現嚴重的**戒斷症狀（上癮症狀）**，變得愈加脫離不了藥物。

◎**使中國清朝崩壞的「鴉片」**

　　一般來說，攝取毒品會進入恍惚狀態，產生像是遊走夢境與現實之間的感覺。其中，鴉片最為人所知。鴉片是割破罌粟未成熟的果實

（罌粟果），用滲出的汁液濃縮乾燥製成。鴉片的主要成分是嗎啡、可待因（codeine），讓嗎啡與無水醋酸反應，就可製造有「毒品女王」之稱的**海洛因**。

　　如同吸菸般點燃鴉片，吸食煙霧，據說可獲得短暫性的欣快感。因此，中國清朝（1636～1912年），一般大眾多會吸食鴉片，甚至出現「孩子哭不停就給鴉片吸」的說法。然而，人們不久就中毒、身心交瘁，演變成清朝的重大問題。

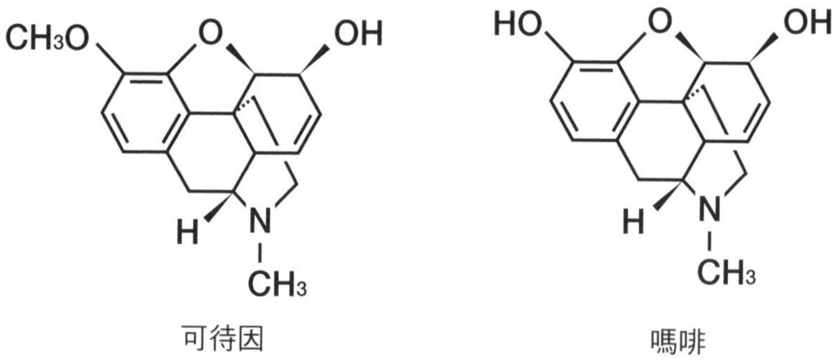

可待因　　　　　　　嗎啡

鴉片的主要成分為可待因和嗎啡。

海洛因

嗎啡與無水醋酸反應產生海洛因。

跟清朝有商業交易的英國，卻想以印度栽培的鴉片，支付向清朝購買絲絹和紅茶的款項。後來受到中國反彈，引起了**鴉片戰爭**（1840～1842年）。戰爭通常難斷正義所在，但至少在這場戰爭中，英國應該不是正義的一方。然而，正義與勝敗無關，戰敗的中國只能任由英國擺佈，清朝人民痛苦不堪，後來演變成**太平天國之亂**（1851～1864）等數起內亂，經歷了悲慘的歷史。

◎古代的暗殺者也是「大麻」的俘虜

近來，**大麻**成為嚴重的社會問題。大麻原本只是用來採取纖維，製成麻布的植物，是日本過去栽培的重要傳統植物。伊勢神社的御禮（神禮）稱為大麻，可窺見其重要性。麻的成長速度很快，據說「實習忍者」（訓練生）每天都要練習跳過麻，不知不覺中練就強大的跳躍力。

麻葉、乾燥麻花，或樹脂、液體狀態，稱為Marijuana（乾草狀式）或Hash（樹脂狀），主要成分為**四氫大麻酚THC**（tetrahydrocannabinol）分子。大麻具有藥理作用，可作為各種疾病的治療藥物，但同時也具有興奮作用，攝取後會出現興奮狀態，由於耐受性會導致攝取量增加，不久變得沒辦法戒除，也就是出現毒品上癮症狀。

中世紀時期阿拉伯，傳說有名為Assassin的暗殺集團。當他們在街道上發現無所事事的青年，會用花言巧語接近，讓青年嗅聞大麻使其神智不清，帶到集團總部。在那裡，他們招待青年未曾見過的佳餚美酒，讓他們與未曾看過的美女親密接觸，享盡酒池肉林。

數天後，再用大麻使青年神智不清，帶回原來的街道，並對清醒

的青年低語：「若想再享受一次，就把○○殺掉。即便你失手丟了性命，等著你的還是那天國般的生活喔。」 這樣就誕生了「瘋狂的暗殺者」。

若是我遇到這樣的遭遇會如何呢？我完全沒有自信保持理性。

◎付出健康代價的「興奮劑」

長井長義被稱為「日本藥學會創始人」，他研究漢方中藥的麻黃，在1885年成功單獨分離出有機分子**麻黃鹼**（ephedrine）。麻黃鹼具有治療氣喘的藥效，長井長義嘗試化學合成，於1893年成功合成**甲基安非他命**（methamphetamine）。1887年，羅馬尼亞化學家在相同的嘗試中，成功合成**安非他命**（amphetamine）。研究後發現，這兩種藥物的效用跟安眠藥相反，也就是具有消除睡意、使意識清醒的效果，故稱為**興奮劑**。

首先關注興奮劑的是軍方，因為此藥劑具有「讓攝取者感到興奮，忘卻恐怖心理」的作用，非常適合前往死亡前線的士兵服用。據說，日本、德國、越南大戰時的美國，皆有採取這種做法。戰爭是瘋狂的行為，而且還有人為因素介入的瘋狂。

戰爭結束後，興奮劑開始流入民間，甲基安非他命在日本以Philopon的名稱上市販售。Philopon具有「瞬間忘卻疲勞」等效用，名稱取自希臘文philoponus──熱愛工作。

當時的社會並不清楚興奮劑的可怕之處，受到勞動者、經營者、

學生等許多階層人士喜愛。結果，出現**多達100萬名中毒患者**，成為嚴重的社會問題。

麻黃鹼

麻黃鹼誕生於麻黃的研究。

甲基安非他命　　　　　　　安非他命

兩者都具有消除睡意、使意識清楚的作用。

◎引發幻覺的「LSD」

先不論中世紀是否如同歷史記載是黑暗時代，在教會的公開紀錄中，確實保存有魔女審判的敘述。根據公開紀錄，魔女審判多發生於夏天酷熱、潮濕的年份。在這樣的年份，許多人罹患名為「聖安東尼之火（Saint Anthony's fire）」、一種四肢宛若著火般疼痛的疾病。

由近年的研究可知，聖安東尼之火來自黑麥等麥角菌所分泌的**麥角生物鹼（ergot alkaloid）引起的食物中毒**。這種分子會引發**幻覺**，而魔女一詞可能來自女性患者做出偏離常軌的言行舉止。

1938年，研究麥角生物鹼的化學家艾伯特・霍夫曼（Albert Hofmann），成功合成一種有機化合物，命名為LSD。少量服用後，眼前會出現宛若萬花筒般眼花撩亂的色彩，絢麗到發展出迷幻藝術（Psychedelic Art）這門藝術領域。

隨著越南戰爭、回歸自然運動、推崇東洋文化、反基督教運動等歷史演進，LSD對當時稱為「嬉皮」的年輕人帶來巨大的影響。

人類所製造的瘋狂「化學武器」

在戰場上，可用來損害敵軍的化學物質稱為**化學武器**。化學武器僅能形容為「毫無人性的瘋狂化學物質」。因此，人們締結了限制使用化學武器的國際條約，例如1925年的《日內瓦公約》（*Geneva Convention*），1977年的《禁止化學武器公約》（CWC）等。然而，即便到了現在，每次出現戰爭時，都會令人懷疑是否有使用化學武器。

◎化學武器來自人類

戰爭必須打倒敵軍，但用槍砲一個個瞄準缺乏效率，投擲原子彈轟炸是最有效率的做法，但原子彈的製作過於耗費科學技術與費用。

然而，使用有毒化學物質——毒物，同樣能夠一舉殲滅眾多敵軍，而且還可在一般化學工廠便宜製造。因此，化學武器又被稱為「貧窮國家的原子彈」。

所有的化學物質，都是基於「為人類和平與幸福帶來貢獻」的期望與目的開發出來。不過，化學武器卻是為了完全相反的目的合成出來。

據說，推崇化學武器的化學家認為：「化學武器能夠提早結束戰爭，拯救眾多軍人的性命，是很人道的武器。」這根本就是詭辯。而且，根據紀錄，同樣的詭辯也出現在投擲原子彈的時候。

不論誰怎麼說，**化學武器是瘋狂的化學物質，惡魔的化學物質。**這些化學物質並非從自然中誕生，而是瘋狂的人類強勢製造出來的。

化學武器本身也可說是被害者。

◎為了殺害人類而提高毒性

印度、希臘過去都曾在戰爭中使用有毒化學物質或生物武器。

在古代印度的戰爭，會將被奉為上帝使者的貓，用石弓投擲到敵方陣營。不只敵軍感到驚慌，想必貓也是驚嚇不已吧。

在希臘，會燃燒硫磺，將亞硫酸氣體SO_2吹向敵方陣營，讓人不禁想說：「不愧是希臘，做法果然很化學。」但這可是錯得離譜的化學用法。

在近代戰爭中，首次投入化學武器的例子是第一次世界大戰德國使用**氯氣**Cl_2。後來發展出光氣（Phosgene）$COCl_2$、氰酸氣、芥子氣（Yperite），到了現代研發出奧姆真理教事件中有名的**沙林**（Sarin）、**梭曼**（Soman）、VX。

氯氣、光氣、氰酸氣、芥子氣等是工業原料物質。換言之，這些化學武器可說是「工業用品的違禁使用」。

然而，沙林、梭曼、VX是**沒有其他用處的惡魔分子**。雖然這麼說，但這些化學物質原本是要開發成殺蟲劑，卻因為對人體危害嚴重而放棄殺蟲劑的功能，但竟被進一步提高毒性，特製成專門殺害人類的分子。

儘管如此，被製造出來的分子並沒有惡意。這些化學物質只是淪為人類惡意的犧牲者，是無辜的分子。

●各種化學武器

芥子氣

$$CH_2ClCH_2-S-CH_2CH_2Cl$$

Cl 〜〜 S 〜〜 Cl

沙林

$$
\begin{array}{c}
\quad\ \ O \\
\quad\ \ \parallel \\
CH_3-P-F \\
\quad\ \ \mid \\
\quad\ \ OCH(CH_3)_2
\end{array}
$$

梭曼

$$
\begin{array}{c}
\quad\ \ O \\
\quad\ \ \parallel \\
CH_3-P-F \\
\quad\ \ \mid \\
\quad\ \ O-CHCH_3 \\
\qquad\qquad \mid \\
\qquad\qquad C(CH_3)_3
\end{array}
$$

VX

$$
\begin{array}{c}
\quad\ \ O \\
\quad\ \ \parallel \\
CH_3-P-S-CH_2-CH_2-N\begin{cases}CH(CH_3)_2\\CH(CH_3)_2\end{cases} \\
\quad\ \ \mid \\
\quad\ \ O \\
\quad\ \ \mid \\
\quad\ \ CH_2CH_3
\end{array}
$$

毒性高的化學武器相繼被開發出來。

擾亂自然環境的「頭痛人物」

地球的直徑約為1萬3000公里。地表最高的聖母峰高度不足10公里，最深的馬里亞納海溝也僅深約10公里，換言之，人類能夠居住、移動的環境僅有上下10公里，共20公里的範圍。

試著在黑板上畫出直徑1.3公尺的圓。如此一來，上述的環境範圍相當於0.2公分＝2毫米，僅約有粉筆線的寬度。人居住的環境竟然如此狹窄，顯見，若汙染弄髒這個環境，我們將無處可去。

◎具有生物濃縮性的「有機氯化物」

會汙染環境的物質非常多，例如前面提到的塑膠、有機氯化合物等。有機氯化物是含有氯原子Cl的有機化合物，典型的例子有過去使用的殺蟲劑DDT、BHC。

20世紀中期左右，這些被開發出來的殺蟲劑，因具有強力殺蟲效果而大量生產使用。多虧如此，撲滅許多害蟲，確保了舒適的環境與生活，而且農作物的害蟲也變少，收穫肯定有所提升。DDT的開發者赫爾曼・穆勒（Hermann Muller）也因這項功績，於1948年獲頒諾貝爾生理醫學獎。

然而，學者後來發現，有機氯化物不只對蟲類，也會傷害人類，於是逐漸不再製造使用。有機氯化物穩定，不易分解，至今仍殘留在環境當中。

而且，這些藥物還具有生物濃縮性，浮游生物吃進有機氯化物

後，被沙丁魚等小型魚食用累積，再經由烏賊食用累積，繼續經由海豚食用累積，不斷反覆這樣的累積過程，最後可**濃縮到海洋表面藥物濃度的1000萬倍**。

●海洋表層水與水棲生物的PCN、DDT濃度

	濃度（ppb）	
	PCB	DDT
表層水	0.00028	0.00014
動物性浮游生物	1.8	1.7
濃縮率（倍）	6,400	12,000
燈籠魚	48	43
濃縮率（倍）	170,000	310,000
北魷	68	22
濃縮率（倍）	240,000	160,000
條紋原海豚	3,700	5,200
濃縮率（倍）	13,000,000	37,000,000

PCB是多氯聯苯（Poly Chlorinated Biphenyls）的簡稱，是一種油狀的化學物質，累積在生物體內會帶來健康危害。表層水的PCB在條紋原海豚體內濃縮為1,300萬倍；DDT濃縮為3,700倍。
出處：立川涼，水質汙濁研究，11、12（1988）。

◎造成地球暖化的「二氧化碳」

地球的溫度逐漸上升，繼續這這樣下去，21世紀末的海平面會因海水熱膨脹上升50公分。造成暖化的原因是具有儲熱性質的氣體——**二氧化碳CO_2**。

氣體儲熱性質是以**全球增溫潛勢**（global warming potential）表示。這是以二氧化碳為標準，假設二氧化碳的潛勢為1。這個「1」是最低值，其他氣體相對於二氧化碳，如甲烷CH_4為21，一氧化碳CO為

310，以造成臭氧層破洞聞名的氟氯烷（弗里昂freon）為數千。

　　既然二氧化碳的潛勢最低，為何還要將其視為眼中釘呢？因為人類挖掘化石燃料——石油，然後燃燒石油，釋出大量的二氧化碳。我們可概略計算一下石油燃燒後會產生多少二氧化碳？由於計算時需要知道原子、分子的相對質量——**原子量、分子量**，翻開高中教科書，就能找到計算方法，下面一起來算一算。

　　石油是由碳C和水H所組成，分子式簡記為C_nH_{2n}。C的原子量為12、H的原子量為1，所以石油的分子量為（$12＋1×2$）n＝14n。石油燃燒後，碳會全部變成二氧化碳CO_2，所以1分子的石油會產生n個二氧化碳CO_2。氧的原子量為16，CO_2的分子量為$12＋16×2＝44$。因為總共有n個二氧化碳分子，所以總質量為44n。

　　由上述計算可知，14公斤的石油燃燒後，會產生44公斤的二氧化碳，約為石油重量的3倍。若一艘貨輪裝載了10萬公噸石油，燃燒後，將會產生30萬公噸的二氧化碳CO_2。

第III部

開拓未來
的碳元素
王國

第 6 章

碳元素的新材料

人類從石器時代、青銅器時代進化到鐵
器時代。雖然現代稱為鐵器時代,但說
成「塑膠時代」更為貼切。為什麼呢?
因為塑膠是比鐵還要優秀的材料。

20世紀的新材料「塑膠」「尼龍」

　　人類是會使用工具、材料的動物。人類會從大自然採集材料，加工做成居所、工具或者機械。石材、木材、金屬、毛皮、骨等各種天然物，都被當成材料利用。然後，19世紀末，人類**成功用自己的手做出人工材料──聚合物**。

◎簡單的小單位分子聚合而成的集合體「聚合物」

　　19世紀末登場的新材料，一般稱為**聚合物**。聚合物是分子量大的分子，亦即由多數原子組成的巨大分子。但是，並非巨大就稱為聚合物，像2-5出現的腐植酸等物質，就不稱為聚合物。所謂的聚合物是**許多簡單的小單位分子聚集而成的巨大分子**。

　　20世紀初期，關於聚合物分子的聚集方式，引起科學界壁壘分明的劇烈爭論。雖然說是壁壘分明，但實際上應該是「1：大多數」，這個1是指德國化學家**赫爾曼・施陶丁格（Hermann Staudinger）**。

　　多數化學家認為：「聚合物是單位分子聚集而成，單位分子間沒有鍵結。」與此相對，施陶丁格認為：「單位分子間互以共價鍵連接。」他勤奮地不斷做實驗，持續向學會發表證實自己說法的實驗結果。結果，學會不得不認同他的說法，最終由施陶丁格獲得勝利。這項功績讓他在1953年獲頒諾貝爾化學獎，直到今天，人們仍稱他為**聚合物之父**。

不過，反對他的大多數學者其實也沒有說錯，不具共價鍵的巨大分子實際上真的存在。這種分子現在稱為**超分子**（supermolecule），包括肥皂泡、細胞膜、液晶、4-4出現的環糊精等，皆是現代化學的明星。

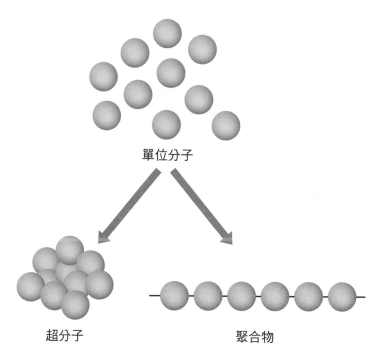

單位分子

超分子　　　　　　　　　聚合物

聚合物的單位分子之間以共價鍵連接。

◎為什麼塑膠加熱後會軟化？

聚合物有著許多種類，其中最常聽聞的應該是**塑膠（合成樹脂）**。塑膠就像松脂等存在於自然界的樹脂般，冷卻後會硬化，加熱後會軟化，故特別稱為**熱塑性樹脂**（heat-convertible resin）。

塑膠是數千個單位分子鏈結的長分子，形成好比鎖鏈的分子結

構，每個鎖鏈環圈為1個單位分子。加熱塑膠後，鎖鏈會因熱能開始運動。這就是熱塑性樹脂**軟化**的原因。

聚乙烯堪稱經典塑膠，是約1萬個單位分子乙烯$CH_2=CH_2$鍵結而成的物質。用於包裝的緩衝材、超市食品的托盤等的保麗龍（發泡聚苯乙烯foamed polystyrene），是苯乙烯鍵結形成的物質。

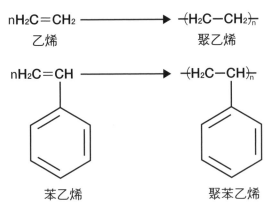

$nH_2C=CH_2 \longrightarrow -(H_2C-CH_2)_n-$

乙烯　　　　　　　　　　　　聚乙烯

$nH_2C=CH \longrightarrow -(H_2C-CH)_n-$

苯乙烯　　　　　　　　　　　聚苯乙烯

「poly」是希臘文「大量」的意思。

◎「比鋼鐵更強韌、比蜘蛛絲更細」的尼龍

聚合物的單位分子未必僅限1種，**尼龍**是己二酸、己二胺兩種分子交互鍵結而成的物質；**PET塑膠**（聚對苯二甲酸乙二酯）是乙二醇、對苯二甲酸兩種分子交互鍵結而成的物質。PET的P表示poly、E表示ethylene、T表示terephthalate。

尼龍是美國杜邦（DuPont）公司的年輕化學家華萊士・卡羅瑟斯發明的物質，但他因罹患憂鬱症，在發表尼龍製造成功之前就自殺身亡。

為什麼這個聚合物取名為尼龍（Nylon）呢？關於這點，眾說紛

紜，其中一種說法認為，「這是美國政府高官命名的」。NYLON倒過來唸變成NOLYN，英文縮寫的意思是「**推翻日本農林省**」。過去，美國需要向日本支付大量外幣，進口絲絹，但多虧尼龍才使立場反轉過來，據說帶有「活該，農林省」的意思。

「比鋼鐵更強韌、比蜘蛛絲更細」，尼龍以這句廣告標語聞名，用於絲襪上獲得極大的迴響。據說當時美國人到歐洲旅遊，見到歐洲貴族女性穿著破掉的絹製絲襪，對自己的國家產生信心。在美國，尼龍很普遍，「餐廳的服務生也不會穿著破掉的絲襪」。對因自己是移民國家，覺得低歐洲一等的美國國民來說，這些小地方或許對他們有著重大的意義。

6-2 「酚醛樹脂」加熱也不會「軟化」

一般塑膠加熱後會軟化。郊遊時，將熱茶倒入透明的免洗杯，杯子可能會軟化變形。不過，在通稱為塑膠的物質當中，也有**即便加熱也不會軟化**的塑膠。塑膠餐具、平底鍋的握把、電器產品的插座頭等，這些是稱為**熱固性樹脂**的特殊物質，在化學上被視為是與熱塑性樹脂塑膠不同的物質。

◎宛若1個分子的「酚醛樹脂（Bakelite）」

前面提到，「人類發明聚合物是在19世紀末」，但當時發明出來的其實是熱固性樹脂。這是混合苯酚（石炭酸phenol）、甲醛加熱形成的物質，以當時的發明者利奧・貝克蘭（Leo Baekeland）命名為Bakelite，而現在改稱為**酚醛樹脂（phenolic resin）**。

酚醛樹脂的分子結構，跟熱塑性樹脂的分子結構有著極大的不同。熱塑性樹脂的分子為「繩狀」的一維結構；酚醛樹脂的分子如圖所示，是**三維的網狀結構**，寬廣得像是沒有盡頭。

◎熱固性樹脂是以「雞蛋糕的原理」來加工

然而，熱固樹脂是即便加熱也不會軟化。這樣的物質該怎麼加工塑形呢？不會是像削切木材一樣吧。

加工方法很簡單，只要**在反應途中停止熱固性樹脂的合成反應**就行了。這種狀態的物質還不是熱固性樹脂，呈現軟爛的泥狀。將其倒

入模具中加熱，繼續進行反應。如此一來，就能夠完成如同模具形狀的產品。這跟將麵糊倒入模具中，烤出雞蛋糕、煎餅是一樣的原理。

●酚醛樹脂的生成

酚醛樹脂的分子結構為三維網狀結構，寬廣得像是沒有盡頭。

◎為什麼病住宅症候群集中發生在新建的房子？

除了酚醛樹脂，熱固性樹脂還有以尿素（urea）作成的**脲醛樹脂**（urea-formaldehyde resin）、以三聚氰胺（melamine）作成的**三聚氰胺樹脂（melamine resin）**，兩者都另外需要甲醛這項原料。如同前述，甲醛是毒性非常強的物質。

化學反應的原料分子，反應後會變成完全不同的分子。所以，無論反應前毒性多麼強大，反應後會變成完全沒有毒性。因此，以甲醛作為原料理應沒有問題才對，但令人遺憾的是，化學反應並非100％完全進行。

比如，即便僅有ppm濃度（百萬分之幾的微少濃度），也還是會殘留原料。熱固性樹脂也可用於合板的黏著劑，從這樣的熱固性樹脂中，未反應的甲醛會揮發至空氣中，引起病住宅症候群。這種問題多集中在新建的房子，因為老房子裡頭的甲醛早已揮發殆盡。

Column7　塑膠的產量

　　世界各地一年生產的塑膠量有2億8,000萬公噸（2012年），其中日本生產1,052萬公噸，或許感覺沒有想像中的多。但檢查每人的平均使用量，日本在1980年時為50公斤，約30年後的2012年卻增加1.5倍，變成75公斤。由此可見，家庭的日常用品幾乎都使用了塑膠。

參考：日本塑膠工業聯盟的官網

下圖是擴大、模型化塑膠結構的示意圖，許多「繩狀」分子糾纏在一起，其中部分形成束狀的結構。這個部分稱為**結晶性結構**，其餘的稱為**非晶性結構**。

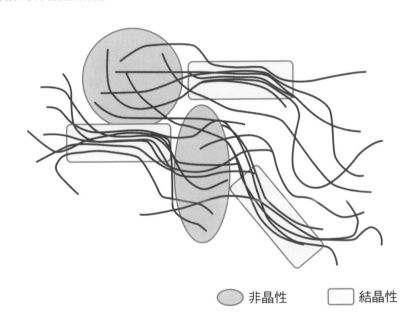

⬭ 非晶性　　▢ 結晶性

◎「合成纖維」的化學結構類似塑膠

非晶性結構有許多間隙，水分子、氧分子或者氣味分子等能夠滲入通過，這會造成氣味外漏、品質劣化。與此相對，結晶性結構使其他分子無法進入，具有相當堅固的機械性質。

「沒辦法讓整個塑膠都是結晶性結構嗎？」根據這個構想誕生的就是**合成纖維**。製作方法相當簡單，只需將加熱成液狀的熱塑性塑膠壓入細噴嘴，再將樹脂連結到大型捲輪高速旋轉，聚合物的鎖鏈集合體就會以同一方向拉出。

●合成纖維的製作方法

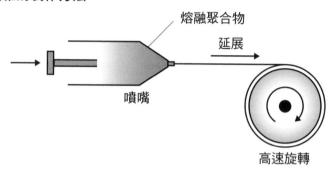

如此作成的就是合成纖維。因此，塑膠和合成纖維在化學上是相同的物質，差別**僅是分子的聚合狀態不同**。PET在塑膠狀態時稱為聚酯塑膠，但拉成纖維後則稱為聚脂纖維。塑膠瓶裝入熱水會軟化，但聚酯纖維能夠承受高溫。

製作眼鏡布、合成麂皮等的纖維，稱為**微細纖維（microfiber）**，是非常纖細的物質。這是將尼龍與不跟尼龍混合、可溶解於溶媒的樹脂，混合製作出合成纖維，再將纖維浸於溶煤中，溶掉尼龍以外的部分，最後僅殘留極細的尼龍纖維部分。

●微細纖維的製作方式

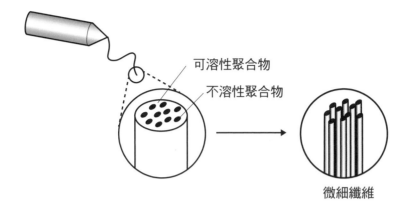

可溶性聚合物

不溶性聚合物

微細纖維

◎組合相異素材的「複合材料」

　　相異素材組合而成的新素材，稱為**複合材料**。這就像是水泥和鋼筋合成的鋼筋混擬土，由壓縮性強但延展性弱的水泥，與具有相反性質的鋼筋組合而成，成為壓縮性、延展性皆強，在建築上不可欠缺的材料。

　　現代的複合材料，大部分是以熱固性樹脂加強纖維狀的材料。纖維狀素材常使用**玻璃絲**，這樣作成的**玻璃纖維**可用於許多領域，如釣竿、浴桶、小型船舶等。市面上也有將金屬強化為纖維狀的材料。

▶日本引以為傲的「碳纖維」質輕強韌！

　　近來，備受矚目的是**碳纖維強化塑膠**。碳纖維是日本以獨家技術開發的物質，享譽國際的技術。碳纖維是僅以碳組成的纖維，其結構如2-3所示，可想成**撕裂石墨烯作成的細長緞帶**。碳纖維的比重僅有鐵的四分之一，機械性強度卻是鐵的10倍，而且還是具有導電性的優

秀材料。

然而，碳纖維沒有辦法直接使用。因此必須將碳纖維如絲織品層層疊起，再以熱固性樹脂強化，製作碳纖維強化塑膠，一般所謂的碳纖維就是指這種物質。

▶異向性、難以回收利用是今後的課題

質輕強固的碳纖維尤其適用於飛機的機體，2011年啟航的波音787客機，機體重量50％以上是以碳纖維作成。碳纖維也是戰鬥機等軍用機不可欠缺的材料，具有與軍事物質相同的出口限制。

輕量堅固的碳纖維有助於節省能源。如果所有飛機、汽車皆使用碳纖維輕量化，可提升燃油經濟性（Fuel economy），減少排出2200萬公噸的二氧化碳，這相當於2016年日本二氧化碳總排放量（12億公噸）的1.8％。

當然，碳纖維並非沒有弱點，其**材質的性質會隨方向而不同（異向性）**。因此，實際使用時需要**獨特的技術**。

另外，這是複合材料皆有的難題，由於是將多種材料混成不可分離的狀態，使得這些材料**難以回收利用**。

碳纖維最初應用於釣竿時，曾經發生有人肩負長釣竿前往釣場，釣竿前端觸碰到高壓電線而觸電的事故。這是由於碳纖維的導電性所造成的。

具有特殊功能令人驚豔的塑膠

塑膠多用於單純的用途,如保鮮膜、塑膠桶、飯盒或者家電產品的外殼。然而,近來也出現超越單純素材用途的特殊塑膠,展現的性質不像一般塑膠,且具有對人類有幫助的特殊機能,特別稱為**功能性聚合物**。下面就來看看幾個例子吧。

◎高吸水性聚合物:紙尿布等

高吸水性聚合物會用於紙尿布等的吸水部分。雖然以紙、布等天然聚合物(纖維素、蛋白質等)作成的織布也能夠吸水,但皆遜於高吸水性聚合物的吸水力,高吸水性聚合物可吸收的水分是自身重量1000倍。

其祕密在於聚合物的分子結構,這種聚合物不是鏈狀結構,而是**寬鬆的三維網狀結構**。因此,可將吸收的水分子關進網狀結構中,使水無法逃脫。

除此之外,這種高吸水性聚合物形成交錯網路的纖維狀分子,大多都帶有原子團COONa。聚合物吸水後,原子團會分解(電解)成COO^-陰離子和Na^+陽離子。COO^-之間會產生靜電排斥擴大網孔,進一步吸收和保持更多的水量。

如同上述,聚合物會以排斥擴張的形式,不斷吸收水分。

將高吸水性聚合物用於沙漠，埋在地面，再於上面種植樹木，可延長給水的間隔。另外，高吸水性聚合物也可儲存陣雨的雨水，有助於沙漠的綠化。

● **紙尿布的原理**

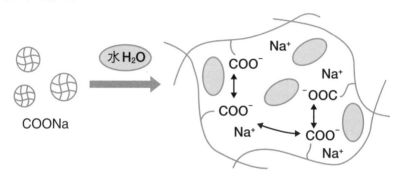

吸收水H_2O後，COONa會分解成COO^-和Na^+產生靜電排斥，擴大三維網狀結構。

⬡導電聚合物：白川英樹博士獲頒諾貝爾獎

　　在筆者還是學生的時候，若說「有機化合物能夠導電」會讓人笑掉大牙。到了現在，有機化合物不僅能夠導電，甚至還開發出**具有超導性的有機物**。短短四、五十年，化學就有如此長足的進步與發展。

▶能夠導電的塑膠「聚乙炔」

　　白川英樹博士於2000年獲頒諾貝爾化學獎，他發明了能夠導電的塑膠──**導電聚合物**。導電聚合物的分子結構類似聚乙烯，稱為**聚乙炔**。聚乙炔的原料是具有三鍵的乙炔，形成聚合物後會留下類似乙烯的雙鍵，單雙鍵交互結合，這樣的鍵結特別稱為**共軛雙鍵**

（conjugated double bond）。共軛雙鍵具有特殊性質，這種鍵結形成的電子，容易在整個分子中到處移動。

$$n\text{H}_2\text{C}=\text{CH}_2 \longrightarrow -\text{H}_2\text{C}-\text{CH}_2-\text{CH}_2-\text{CH}_2-\text{CH}_2-...$$

聚乙烯　　　　　　　　　　　乙烯

$$n\text{HC}\equiv\text{CH} \longrightarrow -\text{HC}=\text{CH}-\text{CH}=\text{CH}-\text{CH}=\text{CH}-...$$

聚乙炔　　　　　　　　　乙炔（共軛雙鍵）

以乙烯作為原料的聚乙烯為絕緣體。以乙炔作為原料的聚乙炔原本以為是導體，但其實是絕緣體。

話說回來，什麼是電流？電流是電子的流動，電子容易移動的材料為導體，不容易移動的材料為絕緣體。依照這種說法，聚乙炔應該是可以導電的導體。然而，合成後的聚乙炔卻是完全不導電的絕緣體。

▶調整「電子間隔」展現金屬般的導電性

由研究結果得知，聚乙炔不導電的原因是電子過多。這就像是高速公路塞車，汽車數量過多而動彈不得。該怎麼做才能解決塞車呢？只要增加汽車間的間隔就行了。

於是，學者在聚合乙炔中少量添加（摻雜）具有吸引電子性質的**碘I_2**。僅這麼做，聚乙烯就獲得**金屬般的導電性**。

導電聚合物可用於銀行ATM機器等。

◎「離子交換聚合物」可使海水變淡水

物質中，存在**離子**組合而成的化合物，食鹽（氯化鈉）NaCl就是典型的例子。這是由Na$^+$陽離子和陰離子Cl$^-$形成的物質。

在聚合物當中，存在將離子換成其他離子的物質。**陽離子交換樹脂**，可將任意的陽離子置換成氫離子H$^+$。而**陰離子交換樹脂**，可將任意陰離子置換成氫氧根離子OH$^-$。

將這兩種離子交換樹脂裝入適當的管子，再從上面注入海水會如何呢？海水中的Na$^+$會置換成H$^+$、Cl$^-$會置換成OH$^-$，也就是**NaCl能夠置換成H$_2$O，含有氯化鈉的海水會變成淡水**。而且，這種淡水化裝置不需要熱、電力，只需注入海水，就會流出淡水。但是，這樣可淡水化的水量有限，僅能夠持續到樹脂含有的H$^+$、OH$^-$用盡為止。必須繼續加入OH$^-$和H$^+$還原樹脂。

◎微生物可分解的「生物降解聚合物」

塑膠是便利的物質，但同時也是汙染環境的麻煩垃圾。強韌是其優點，但丟棄不用的塑膠一直留存在環境中，也會令人感到困擾。近來，有報導指出，塑膠破碎成直徑1毫米以下的**塑膠微粒**（microplastics）會帶來危害。除了阻塞小動物的消化道，在動物體內分解吸收後，也會造成化學性的傷害。為了防止這樣的危害，人們開發了**生物降解聚合物**（biodegradable polymer）。這是一種可被環境中微生物分解的聚合物。

不需要多說，纖維素、蛋白質等天然聚合物，都是微生物可分解的生物降解聚合物。然而，這跟化學家所想的生物降解聚合物有些不同，他們想的是**以乳酸等作為單位分子的聚合物**。這種聚合物置入生理食鹽水中，經過數週到數個月會被分解減半。

理所當然，這樣的聚合物因耐久性低、用途有限，無法長時間保持溶液狀的樣態。但是，如果作成吸管、免洗杯、泡麵容器等，就沒有問題了。

其實，另外還有這類聚合物才能達成的用途，那就是手術的縫合線。進行器官組織手術時，手術後經過一段時間，需要再次進行手術除去縫線。然而，若是以生物降解聚合物作成的縫線，會在體內分解、吸收掉，不需要進行拆線手術。

◎活躍於牙科治療的「光固性聚合物」

想要促使有機化合物反應，多數情況需要由外部給予能量，而且一般會給予**熱能**，但也有以光能進行反應的有機物。其中一個例子是，2個雙鍵加在一起變成四元環物質的反應。

利用這種反應的是**光固性聚合物**（Photocurable polymer），可用於牙齒治療等用途。

將鏈狀結構上帶有雙鍵的聚合物組合在一起，形成熱塑性聚合物，加熱軟化成液狀後，注入蛀牙的孔洞。接著，再以光線照射使雙鍵部分接合起來，形成網狀結構的聚合物。這跟前面看到的熱固性聚合物是相同的結構，這種聚合物會完全填補蛀牙孔洞的形狀，變成堅硬的固體。

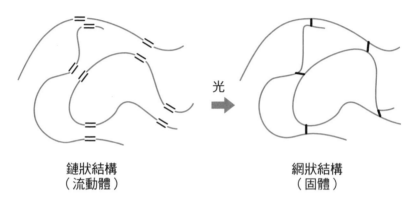

$$CH_2=CH_2 + CH_2=CH_2 \xrightarrow{\text{光}} \begin{matrix} H_2C-CH_2 \\ | \quad\quad | \\ H_2C-CH_2 \end{matrix}$$

乙烯   四元環

光固性聚合物可用於牙科治療等用途。

鏈狀結構
（流動體）

光

網狀結構
（固體）

鏈狀結構的流動體照射光線後，會變成網狀結構的固體，完全填補蛀牙孔洞。

第III部

開拓未來
的碳元素
王國

第**7**章

供應能量的碳元素

碳不僅能夠形成物質，也能夠產生能
量。人類利用能量建構起現代文明，卻
面臨能源枯竭的問題。

生質能來自生物體

現代社會建立在能源之上，飛機、汽車是以石油能驅動；電腦是以電能啟動。而電能來自發電廠，大多是由燃燒煤、石油、天然氣等化石燃料產生的。換言之，**供應現代社會的能量，大部分是由碳元素供給。**

在這樣的能量當中，以植物、動物、微生物等生物體產生的能量，特別稱為**生質能（bioenergy）**。

◎燃燒木材的能量可以再生

在歷史的黎明期，除了太陽的熱，人類體驗到的熱能應該就是火山噴發、森林大火燃燒木材的燃燒熱。自此以後，有很長一段時間，人類會燃燒植物來獲得熱能。撿拾枯木、流木，或者砍倒樹木作為柴薪燃燒。除了風力、水力、動物力等自然能量，人類能夠控制的能量**僅有熱能而已。**

人類有很長一段時間以木材，也就是**碳元素作為能源**來維持文明。到了近代，人類學會燃燒動植物的油脂，用於提燈、路燈照明，但油脂也是碳化合物。

本身為有機化合物集合體的植物，燃燒後會產生二氧化碳CO_2，而下一代的植物利用這個二氧化碳行光合作用成長。因此，燃燒植物或木材，可看作再生產木材。這個**可再生產的性質，是木材等生質能的最大特徵。**

與此相對，從前利用化石燃料釋出的二氧化碳，再度生長轉為木材的植物已經不存在地球上了。換言之，化石燃料用完就沒有了，因為沒辦法再生產為木材，總有一天會枯竭。

◎利用微生物力量的「生質能」

利用微生物力量產生的燃料，一般稱為**生質能**。

▶生質乙醇：發酵穀物、蒸餾乙醇

就技術面來說，**生質乙醇**的生產是很早以前就完成的技術，只是現在從燃料的觀點重新檢討、改良。換言之，利用酵母菌將玉米等穀物發酵成酒精，再蒸餾酒精，僅萃取出乙醇成分，就是生質乙醇。

現在以石油驅動的內燃機（引擎），也可使用乙醇來運轉，但問題點在於成本和道德。據說使用生質乙醇，每單位能量的成本遠高於石油。在道德方面，浮現「將應該為人類重要食物的糧食，當作石油的替代物真的好嗎？」等問題。

酵母不會直接發酵澱粉產生酒精，而是發酵澱粉分解後產生的葡萄糖，才能產生酒精。為了分解澱粉，日本酒會利用**麴菌**，啤酒、威士忌則會用**麥芽酵素**。

葡萄糖也可由纖維素獲得。所有的草食性動物，都是以纖維素為食物，轉換成葡萄糖。微生物中，也存在將纖維素轉為葡萄糖的生物。

換言之，我們可利用分解纖維素的微生物，產生葡萄糖來進行酒精發酵，但尚未找到適合的菌種。

▶生質氣能源：利用廢棄物

生質氣能源（biogas energy）是利用微生物產生氣體燃料的技術。現在，已經實用化的有：經由甲烷菌將有機物厭氧發酵成**甲烷氣**。原料可利用汙水、廚餘等各種廢棄物，具有資源限制比生質乙醇較少的優點。

設備也相當簡單，只需改造既有的處理設施等，就可透過較少的投資來實現。甲烷氣會自然發生於汙水處理設施等地方，同時也是溫室效應氣體，其暖化能力約為二氧化碳的20倍。排放至空氣中的甲烷氣會造成地球暖化。因此將甲烷當作燃料有效利用，可達到一石二鳥的功效。

除了甲烷，人們也嘗試生產**氫氣**。白蟻的消化器官內，已經確認存在生成氫的細菌。看來，白蟻也有其用處。

化石燃料的能量：煤、石油、天然氣

以植物為首的生物，枯萎死去後，埋入地底，經由地壓、地熱轉變性質，形成的物質為**化石燃料**，代表的例子有**煤、石油、天然氣**。

目前已知蘊藏量的化石燃料，以現今消耗速度還可支撐的時間（年），稱為**可採蘊藏量（exploitable reserve）**。經過各種試算推得，煤約可再用120年，石油和天然氣約可再用35年。核能發電燃料的**鈾**也存在可採蘊藏量，大約剩100年。以現在的主流觀點來說，所有燃料資源都將枯竭。

煤：液化氣化的技術

人類在相當早的階段，就已經知道可燃燒的石頭（煤）、可燃燒的水（石油），但將其作為能源積極使用，是約在18世紀**工業革命**之後。此時，大量使用的是煤，人類藉由煤得到強大的火力、能量，推進了工業革命。

除了能源供給，煤對人類的貢獻，還提供了**鐵**的生產。鐵與金等貴金屬不同，無法產出純粹的金屬，全都是跟氧結合的氧化鐵。因此，想要從氧化鐵獲得純鐵，必須進行還原反應去除氧。碳可當作還原劑使用，而煤是方便獲得碳的物質。

後來，液體化石燃料的石油、氣體化石燃料的天然氣普及，固體的煤因為不好利用，有段時間被敬而遠之。然而，重新考慮到可採煤蘊藏量多，所以現在正在開發**液化氣化煤的技術**。

◎石油：「即將枯竭」

　　石油是液體，作為方便使用的化石燃料，被大量開採利用。因此，石油的可採蘊藏量變少，據說僅能再撐35年左右。在1973年石油危機時，也高聲疾呼可採蘊藏量剩約30年。然而，經過45年多，石油並沒有枯竭，這應該跟發現新油田、採掘技術進步、節能觀念普及有關。

▶石油的生物起源說與無機起源說

　　以前在小學學到：「石油是埋在地底下的生物遺骸分解後形成的化石燃料。」我們也就這麼相信了。然而，石油的成因其實有許多說法。

　　將石油視為化石燃料的說法為**生物起源說**，又稱為有機起源說。與此相對的是，石油現今仍在地底下持續生產的**無機起源說**。最先提出無機起源說的是以週期表聞名的德米特里・門得列夫（Dmitri Mendeleev），這說法相當古老。然而，邁入20世紀後，美國知名的天文學家湯馬士・戈爾德（Thomas Gold）提出新主張，旋即備受矚目。

▶石油量其實取之不盡！？

　　戈爾德認為，行星形成時，中心封存進大量的碳氫化合物。前面2-1提過，一部分的碳氫化合物可能變成鑽石。當這樣碳氫化合物因比重小而上浮，受到地壓、地熱變性，就會變成石油。

　　已經枯竭的油田，可能發生重新出現石油的現象。在比生物埋藏

處更深、深到難以想像的地方，也可能埋藏石油。有一種說法是，油田的存在地帶與過去的生物生存地帶不同，因為發現了許多生物起源說無法解釋的現象。

無機起源說的重點是，根據這個說法，石油的蘊藏量幾乎可想成是取之不盡，直接將可採蘊藏量等用詞拋到一邊，造成掌控石油價格的中東重要性下滑，人們被迫重新審視經濟體制，各種問題都將浮上檯面，石油的問題似乎不是僅靠科學就能規範。

除此之外，石油還有**細菌起源說**。例如，在日本千葉縣發現的某種細菌，會以二氧化碳為原料生產石油。這已經獲得實驗證實，是真有其事，目前已經在實驗工廠投入生產，但成本還太高。

石油是經由什麼機制產生的，相信總有一天會真相大白。

◎天然氣：雜質少的「乾淨燃料」

一般來說，大家會認為**天然氣**跟石油一樣是生物起源，但也有說法認為來自地底的無機碳。

天然氣的主要成分為甲烷CH_4，其他成分還有乙烷CH_3CH_3、丙烷$CH_3CH_2CH_3$等，產量因產地而異。日本的都市煤氣（town gas）基本上是天然氣，成分為90％以上的甲烷。

跟石油不一樣，天然氣中的氮N、硫S等雜質成分少，伴隨燃燒產生的氮氧化物NO_x、硫氧化物SO_x排放量少，可說是相對較乾淨的燃料。

碳氫化合物含有各種物質

　　天然氣的主要成分是甲烷CH_4，碳數為1個。而其他含有的雜質乙烷CH_3CH_3、丙烷$CH_3CH_2CH_3$、丁烷$CH_3(CH_2)_2CH_3$，碳數分別為2、3、4個。

　　石油（原油）基本上是碳氫化合物，但裡頭也含有其他多種成分，可藉由蒸餾分離出來。碳數5～10個左右的是汽油；碳數10～20個左右的是輕油；碳數17個以上的是重油。

　　碳數超過20個後會形成固體，稱為石蠟（paraffin）。碳數多達1萬個的聚乙烯，是非常堅硬的固體。

　　如同上述，天然氣（甲烷、乙烷、丙烷、丁烷）、汽油、輕油、重油、石蠟、聚乙烯等等，名字、形狀、性質皆有很大的差異，但這些都是僅由碳和氫大量組成的碳氫化合物。光是碳氫化合物就有如此多的種類，可以想見碳元素王國的多樣性。

備受矚目的「新」化石燃料

7
3

人們所利用的煤、石油、天然氣等化石燃料，由於不時遭遇枯竭的問題，因此新型態的化石燃料逐漸受到注目。

◎可燃冰「甲烷水合物」

宛若雪酪（Sorbet）的白色固體，點火後會燃出青色的火焰。**甲烷水合物**（methane hydrate）的「hydrate」是「水合」，也就是與水結合的意思，而methane是天然氣的主要成分甲烷。換言之，甲烷水合物就是水和甲烷的結合物。甲烷水合物的分子結構如**下圖**所示。

●甲烷水合物的分子結構

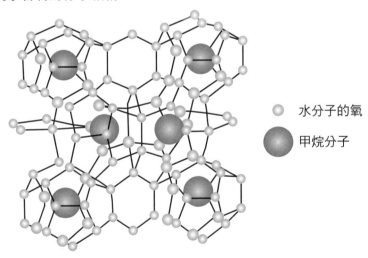

○ 水分子的氧

● 甲烷分子

「籠子」裡頭裝著甲烷分子，而「籠子」是由水分子鍵結而成的。換言之，甲烷水合物是由多個分子聚集而成的高維結構體，是超分子的典型例子。實際上，結構是由多個「籠子」共用一邊連接而成，每個甲烷分子的水分子數約為15個。

點火後燃燒起來的僅有甲烷，水不會燃燒，而是變成水蒸氣揮發。若是直接將甲烷水合物放進石油電暖爐燃燒，會變得一發不可收拾，室內會充滿大量的水蒸氣，碰到窗戶的玻璃會冷凝結成水珠。一般來說，燃燒1分子甲烷會釋出2個水分子。但是，燃燒甲烷水合物產生的水分子有2＋15＝17個，是燃燒甲烷的8倍以上。這樣的量應該已經不能用水珠來形容，簡直是淹水。

甲烷水合物存在於海底，在大陸棚周邊深度約200～1000公尺的地方，會像雪一樣堆積。採取時，需要分解，僅取出甲烷。不過，理論上也可保留水分子形成的籠子，僅將裡頭的甲烷置換成二氧化碳。如果真的能夠實現，我們可取出甲烷燃燒獲得能量，再將產生的二氧化碳放回水分子籠子中，有可能達成這般夢幻的事情。

日本正在渥美半島（愛知縣）的離岸探勘甲烷水合物，準備進行全球的第一次試驗。

⬡科技進步而能夠挖掘的「頁岩氣」

頁岩氣是「shale」gas，不是「shell（貝殼）」gas。「shale」是岩石的一種，中文稱為**頁岩**。「頁」是「書頁」的意思，如同其名，頁岩是沉積岩，薄薄的岩石層堆積形成的岩石，岩層間滲入了天然氣。

人們很早以前就已知道了頁岩氣的存在，問題在於其深度。其深度可達地下2000～3000公尺，無法輕易挖掘到。進入21世紀後，才終於確立挖掘頁岩氣的技術——斜向坑道挖掘技術。然而，這種做法後來出現問題。其做法是在坑道中注入混有化學藥品的高壓水，使頁岩層崩潰，收集釋放出來的天然氣。

原本估計這種挖掘方式會造成相當大的環境破壞，結果更嚴重，甚至造成頻繁發生小地震、高壓水抬升地下水導致地層下陷、化學藥品物汙染地下水等。而且，頁岩裡頭的天然氣不具流動性，即便挖掘坑道，也僅能取出周邊的頁岩氣。而從1條坑道收集到的頁岩氣，僅能使用數年而已。

　儘管有許多問題，但頁岩氣帶來的影響非同小可，造成美國的天然氣價格大跌。然而，因為與既存的天然氣發生價格競爭，使得設備費用增加的頁岩氣陷入困境一事也時有所聞。

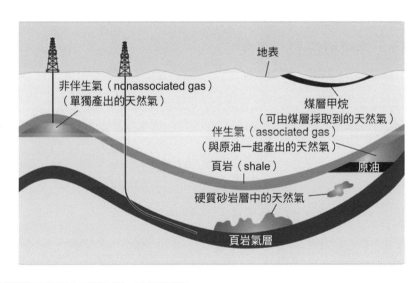

將運輸管平行插入頁岩氣層，挖掘天然氣。

出處：U.S. Energy Information Adiministration

◎開始商業化的「頁岩油」

跟頁岩氣一樣，**頁岩油**是吸附在頁岩上的油。挖掘方法也與頁岩氣相同，同一坑道有可能同時採取到頁岩氣和頁岩油。僅有頁岩油的頁岩位於較淺的地方，有些可採取露天採礦（地表採礦surface mining）。

不過，頁岩油並不是真正的石油，而是轉變成石油前的**油母質**（kerogen），取出後必須加熱到400～500℃才能轉為石油。

目前基於商業利益，雖然已經開始挖掘，但也必須考慮環境問題。

◎油砂、煤層甲烷的可能性

跟頁岩氣、頁岩油相似的物質，還有**油砂**和**煤層甲烷**（coalbed methane）。

油砂是指浸入砂岩中的油。這種油是石油去除揮發成分後的殘留物，相當於重油、瀝青。因此，想要作為石油使用，必須進行熱分解等化學反應。換言之，成本可能增加，引起環境問題。不過，油砂的蘊藏量龐大，超過原油的蘊藏量。

煤層甲烷是浸入煤層的天然氣，也就是甲烷。據估計，日本煤礦中的煤層甲烷蘊藏量，媲美日本天然氣的可採蘊藏量。

威力驚人的有機化合物「炸藥」

炸藥是可在瞬間釋放大量能量的有機化合物。炸藥容易聯想到炸彈、戰爭，產生危險可怕的印象，但若沒有炸藥就沒有煙火表演、不可能完成巴拿馬運河，汽車的安全氣囊也不會膨脹。

炸藥的原理與爆炸的關係

爆炸有許多種類。氣球的爆炸是灌入超過容許體積限度的氣體，使得氣球承受不了而爆發。

火山引起的水蒸氣爆炸是由於地下水接觸到高溫溶漿，急遽變成水蒸氣，體積增加造成的爆發。水滴入油炸鍋裡也是同樣的情況。

氫氣的爆炸是點燃可燃性氣體後，能量使氣體急速膨脹而爆發。

相對於這些爆炸，炸藥的爆炸可看作是燃料的急劇燃燒。燃燒需要氧氣，雖然炸藥的周圍有空氣，但空氣僅五分之一是氧氣，想要達到爆發般的急劇反應，光靠空氣中的氧氣是不夠的。因此，燃料本身還需要事先加入氧。

符合條件的原子團，是名為**硝基NO_2**的取代基。硝基中帶有2個氧，這個氧可用於燃燒。理論上，硝基的個數愈多愈容易燃燒，但太多又會讓炸藥本身不安定，過於危險而無法使用。

◎三硝基甲苯與下瀨火藥

由這樣觀點開發出來的是，**苯環導入硝基的炸藥**。

▶三硝基甲苯TNT：「當量為⋯⋯的TNT」

TNT（trinitrotoluene）是作為溶劑的化合物甲苯與硝酸HNO_3、硫酸H_2SO_4反應的產物。TNT為黃色晶體（粉末），熔點低，僅有80.1℃，可以液態狀態填進砲彈中，相當容易處理。

TNT是典型的現代火藥，用作所有火藥的威力標準。換言之，「想要有同於這種火藥1公克的威力，需要多少公克的TNT？」氫彈的威力可用多少千噸和百萬噸單位來表示，這就是「當量」。1百萬噸當量相當於1百萬公噸的TNT威力。

▶下瀨火藥～若沒有這種炸藥，日俄戰爭中日本會輸？

TNT要到1863年才由德國開發出來，誕生得意外地晚，而且起初不被當作炸藥，而是作為黃色染料使用。

日俄戰爭（1904～1905年）時，炸藥和現在的炸藥不一樣。俄羅斯波羅艦隊（Baltic Fleet）使用的火藥是舊式**黑火藥**（black powder），是以木炭粉（碳C）、硫S為燃料，以硝石（硝酸鉀KNO_3）為氧源作成的炸藥，跟煙火使用的炸藥相同。

與此相對，日軍使用的是名為**下瀨火藥**的炸藥，成分為**苦味酸**（picric acid三硝基苯酚）。苦味酸是TNT的甲基CH_3換成羥基OH的物質，氧氣供給力優於TNT，爆炸威力相對也高於TNT。

黑火藥完全敵不過苦味酸，日本海軍給予俄羅斯海軍毀滅性的打擊，贏得日俄戰爭的勝利。如同上述，苦味酸具有驚人的威力，但也

有致命性的弱點。

　　下瀨火藥被稱為苦味「酸」，表示它屬於酸性物質。酸性物質接觸到鐵後，鐵會氧化變得脆弱。如果這個情況發生在砲彈上，**砲彈會因發射的衝擊在砲筒內自爆**。日軍為了防止自爆，會在砲彈內部塗漆等，但還是沒辦法完全阻止爆炸事故。因為有過這樣的意外，炸藥才改為使用TNT，直到現代。

甲苯 硝酸HNO$_3$ / 硝化甘油H$_2$SO$_4$ 三硝基甲苯（TNT）

苦味酸

甲苯與硝酸HNO$_3$、硫酸H$_2$SO$_4$反應，可產生三硝基甲苯（TNT），這是現代的代表火藥。雖然苦味酸（下瀨火藥）的威力強於TNT，但不容易處理，有爆炸危險，因此不再使用。

◎黃色炸藥：諾貝爾獎的獎金來源

　　礦山、土木工程使用的炸藥多是**黃色炸藥（Dynamite）**，主要成分為**硝化甘油（nitroglycerin）**。硝化甘油是水解油脂得到的甘油酸，再與硝酸反應得到的黃色液體，比水還要重。雖然爆炸威力強悍，但極為不安定，稍微有些衝擊就會爆炸，這樣過於危險，難以使用。

　　阿佛烈·諾貝爾（Alfred Nobel）發現將硝化甘油浸入矽藻土中，可變成爆炸威力強悍的穩定炸藥，因而製成黃色炸藥。1867年，諾貝爾獲得黃色炸藥的專利。

　　由於黃色炸藥的需求量驚人，諾貝爾贏得巨額財富。誠如大家所知，其財富產生的利息後來運用於諾貝爾獎上。

　　除了用於炸藥，硝化甘油也是有名的**狹心症特效藥**。以前，某位黃色炸藥製造工廠的員工患有狹心症，病症在家裡時爾偶會發作，但在工廠卻都沒有發作。據說以此為契機，人們發現硝化甘油的療效。

　　相關的原理機制，後來才經由科學解明。硝化甘油浸入體內後，會分解成**一氧化氮NO**。一氧化氮具有擴張血管的功用，發現這件事的美國醫學專家，於1998年獲頒諾貝爾生理醫學獎。1901年創立諾貝爾獎後差不多100年，竟然出現獎項頒給諾貝爾獎源頭的硝化甘油研究，頓時蔚為話題。

$$
\begin{array}{c}
CH_2-OH \\
| \\
CH-OH \\
| \\
CH_2-OH
\end{array}
\xrightarrow{\text{硝酸HNO}_3\,/\,\text{硝化甘油H}_2SO_4}
\begin{array}{c}
CH_2-O-NO_2 \\
| \\
CH-O-NO_2 \\
| \\
CH_2-O-NO_2
\end{array}
$$

◎貢獻巴拿馬運河建設的黃色炸藥

除了用於戰爭，炸藥也會用於和平和建設的目的。例如礦山的挖掘需要炸藥才能進行。

世界的兩大運河中，蘇伊士運河建設於1869年。當時，黃色炸藥尚未普及，建設方式是採取人力挖掘。

後來，邁入20世紀，提出了建設巴拿馬運河的計劃。於是蘇伊士運河的技術監督斐迪南·德·雷賽布（Ferdinand de Lesseps）繼續負責建造巴拿馬運河。

然而，巴拿馬運河建設失敗。理由之一是南美特有的疾病，尤其**黃熱病**最為嚴重。在高溫、疾病蔓延的情況下，人力挖掘有其限制。以失敗告終的七年工程期間，因傳染病死亡的人多達22,000人。

後來，多虧傳染病防治對策的進步，與黃色炸藥的使用，工程再度展開，終於在1914年完成巴拿馬運河的建設。

利用太陽光能的「有機太陽能電池」

前面提到的能量，都是讓高能量狀態的碳、有機化合物進行化學反應，變成二氧化碳等低能量物質，利用兩者之間產生的能量差。這節將介紹**有機太陽能電池**，原理跟這些完全不同，碳、有機化合物皆沒有變化，僅有機化合物的電子利用太陽的光能進行循環。

◎太陽能電池的發電原理

除了一些例外，太陽能電池是利用無機物矽Si的矽晶太陽能電池。然而，最近也出現以有機化合物組成的有機太陽能電池。

在介紹有機太陽能電池的原理之前，我先以矽晶太陽能電池為例，講解太陽能電池的原理。

太陽能電池是利用**半導體**的元件。所謂的半導體，是電導度介於導體和絕緣體之間的物質。典型的半導體是元素組成的半導體，也就是元素半導體的矽。然而，矽的電導度過小，不適合用於太陽能電池。於是，人們在矽中摻雜少量雜質，試圖改變其性質。如此製成的人造半導體，一般稱為**雜質半導體**（impurity semiconductor）。

在矽中摻雜磷P，會變成電子較多的n**型半導體**。摻雜硼B，會變成電子較少的p**型半導體**。矽晶太陽能電池是以兩片電極，將這兩種半導體夾成三明治的元件。不過，n型半導體上的電極，需為可透光的透明電極。

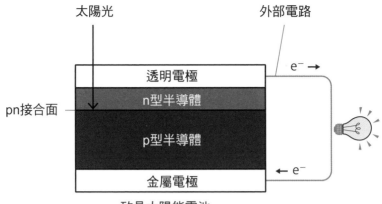

太陽光　　　　　　　　外部電路

透明電極

pn接合面　　　　n型半導體

p型半導體

金屬電極

矽晶太陽能電池

太陽光穿過透明電極，以及薄得透明的n型半導體，抵達兩半導體的pn接合面。接合面的電子吸收光能後，轉為高能量狀態開始移動。電子穿過n型半導體抵達透明電極，經由外部電路進入金屬電極，穿過p型半導體回到原本的pn接面。此時，若是外部電路接上燈泡，可以看見燈泡因獲得能量而發光。這就是太陽能電池發電的原理。

　　這樣太陽能電池就完成了。太陽能電池沒有需要動力運作的部分，也沒有燃料，是宛若陶瓷器般的元件。不但不需要燃料的補給，也幾乎不需要修補和維護，僅需偶爾清潔表面的髒汙。

◎有機太陽能電池是將半導體的矽改成有機化合物

　　有機太陽能電池的發電原理跟前面大致相同，不同之處為**半導體的材料不是矽，而是有機化合物**。n型和p型的有機半導體結構，如**下頁圖**所示，使用的是富勒烯C_{60}等前面說明過的聚合物。

n型半導體原料的苯基C$_{61}$丁酸甲酯（PCBM）結構

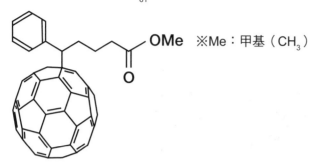

OMe　※Me：甲基（CH$_3$）

p型半導體原料的立體規則性——聚(3-己烷噻吩)（P3HT）結構

C$_6$H$_{13}$

　　有機太陽能電池的發電力小於矽晶太陽能電池，但前者具備有機化合物才有的強項，如輕量、柔軟、多彩等優點。因此，根據不同用途，有機太陽能電池能夠展現較佳的性價比，目前已經用於各種領域。

第III部

開拓未來的碳元素王國

第8章

超乎想像的碳元素王國

碳元素王國不斷持續進步，除了能夠通電的有機物，也開發出單一分子自行移動的有機物。只要是人類想要合成的有機物，幾乎都能夠合成出來。碳元素王國充滿著希望。

分子聚集而成的「超分子」

　　碳原子可與其他原子結合成有機分子，藉此建立起王國，為人類帶來幫助。這樣的有機分子，都具備單獨行動的能力，而且多個分子的時候也能一起發揮功能，或者數個分子聚集成更高維的結構體，展現高階的機能。這樣的分子集團取「超越分子的分子」之意，稱為**超分子**（supermolecule）。

　　典型的分子集合體，分子會形成膜──**分子膜**，例如我們身邊常見的肥皂泡。肥皂泡不是比喻，**肥皂泡本身就是分子膜**。另外，展現高階功能的分子膜例子還有**細胞膜**。

◎「界面活性劑」是什麼樣的分子？

　　有機分子可分為如砂糖可溶於水的**親水性分子**，以及如油不溶於水的**疏水性分子**。不過，也存在一種分子，在單一分子上同時帶有親水性部分和疏水性部分，稱為**兩性分子**（amphiphilic molecule），例如洗潔劑等**界面活性劑**。

　　兩性分子溶於水後，親水性部分會進入水中，而疏水性部分不會進入。結果，分子在水面（界面）呈現倒立的狀態。當分子的濃度增加，水面會密布「倒立的分子」。

　　這般狀態的分子集合體，就像在操場集合進行升旗典禮的小學生集團。從上空俯瞰，小學生的頭看起來就像是黑色的海苔。這樣的分子集團即為分子膜。

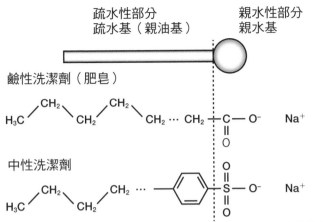

洗潔劑等的界面活性劑是，單一分子具有親水性部分和疏水性部分。

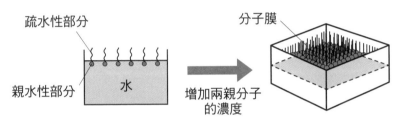

洗潔劑等溶入水後，親水性部分會進入水中，疏水性部分不會進入，所以分子會在水面（界面）呈現倒立狀態。當分子的濃度增加，水面便密布「倒立的分子」。

　　分子膜重要的地方是，**分子是站立著，且分子間沒有任何鍵結。**這是與相同單位分子集合體之一聚合物的最大不同。聚合物的單位分子是以共價鍵穩固連結。而分子膜沒有鍵結，單位分子可在分子膜中自由移動，甚至還可以跑到分子膜外，再自由回到膜上。

◎為什麼「洗衣服」能夠洗掉髒汙？

洗衣服這件事是用水洗去沾黏衣物上的油汙，油汙為疏水性不溶於水，但可溶於洗潔劑溶液。這是為什麼？

將沾黏油汙的衣服放入洗潔劑溶液，油汙會跟洗潔劑分子的疏水性部分結合，與眾多洗潔劑分子結合後，油汙會被洗潔劑分子包圍起來。接著，請看此集合體的外側（**右頁上圖**），緊密排列了親水性部分。換言之，就整體來看，此集合體變成是親水性。因此，此集合體會維持包覆油的狀態，脫離衣物，被洗潔劑溶液搬運出去，也就是油汙從衣物上被洗去。

這就是**洗衣服的原理**。「用分子膜將油汙整個包起來，用水沖走」，我們可以這麼想。

◎「細胞膜」是「分子膜」

如3-3所述，動物吃進油脂後，油脂的3個脂肪酸中，其中一個會轉變成磷酸，形成**磷脂質（右頁下圖）**。這是界面活性劑的一種，1個親水性部分（頭）具有兩條疏水性部分（尾巴）。這種分子形成的分子膜，是細胞膜的基本結構。

但是，細胞膜跟肥皂泡的情況（176頁上圖）不同，細胞膜是疏水性部分相對重疊。**在相對重疊的部分，夾著蛋白質等生命體需要的分子（176頁下圖）**。蛋白質發揮酶的功用，維持細胞的生命活動。

如同上述，分子膜是細胞膜的模型結構，今後在醫療領域上的應用備受期待。其中一項成果是，如2-3所述的藥物運輸系統（DDS）。這是以分子膜包覆藥物，將藥物優先運至癌腫瘤等部位的

●洗衣服的原理

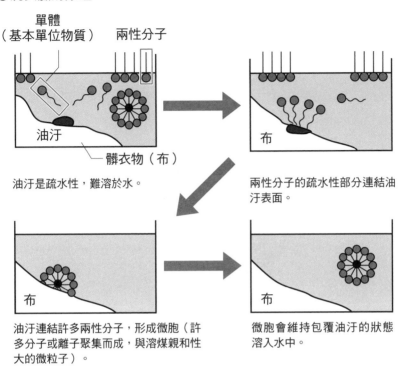

油汙是疏水性，難溶於水。

兩性分子的疏水性部分連結油汙表面。

油汙連結許多兩性分子，形成微胞（許多分子或離子聚集而成，與溶媒親和性大的微粒子）。

微胞會維持包覆油汙的狀態溶入水中。

●磷脂質具有2條「尾巴」

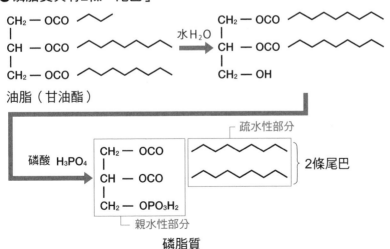

系統。如此一來，能夠降低藥物的副作用，有效率地使用高價的藥物。

●肥皂泡的結構

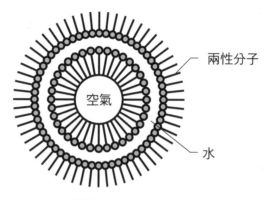

肥皂泡

肥皂泡是以這樣的分子膜呈現雙層結構。在肥皂泡中，雙層膜是親水性部分相對重疊，重疊的部分夾著水分子。

●細胞膜的結構

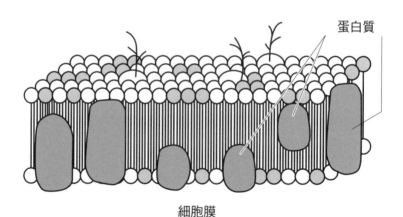

細胞膜

在細胞中，磷脂質的疏水性部分相對重疊，形成細胞膜，中間夾著蛋白質等生命體需要的分子。

整齊排列的有機「液晶分子」

在有機分子中，存在聚集的分子全部朝向特定方向的集合體，稱為**液晶分子**。**液晶**是以液晶電視等形式，支撐著現代的資訊社會。然而，液晶並非分子名稱，而是像**晶體**、**液體**、**氣體**，指的是分子的特定狀態。因此，如同氣體，液晶分子也會因溫度、壓力等條件不同，呈現非液晶狀態的晶體狀態或者液體狀態。

◎「液晶狀態」是什麼狀態？

一般來說，分子集合體的狀態會隨溫度變化。

▶晶體狀態與液體狀態之間存在什麼狀態？

通常，分子處於低溫時為晶體、高溫時為氣體，介於中間的溫度時為液體。這稱為分子的**狀態**。在氣體狀態，分子會以噴射機般的速度飛行，分子碰撞的衝擊會形成壓力。

晶體狀態是，分子的①位置、②方向，兩者皆具有固定規則的狀態。分子多多少少會振動、旋轉，但重心不會產生移動。

與此相對，液體狀態是，①位置的規則性、②方向的規則性，兩者皆無的混雜狀態。分子能夠自由移動。

這樣一來，①位置和②方向，兩者皆固定的晶體狀態，與①位置和②方向，兩者皆自由的液體狀態之間，可能存在中間的狀態。也就是說，存在下述兩種狀態：

Ａ：位置固定但方向自由的狀態，

Ｂ：位置自由但方向固定的狀態，

兩者皆實際存在。

▶「熔點」與「清晰點」之間的「液晶狀態」

在Ａ、Ｂ兩狀態中，Ｂ的狀態稱為**液晶狀態**。液晶狀態可想成「小河中的青鱂魚集團」，這樣會比較容易理解。青鱂魚（大肚魚）會到處游動尋找餌食，但為了不被河流沖走，必須總是頭朝著上游游動。

呈現液晶狀態的分子是特殊分子，有時會特別稱為**液晶分子**。下面試著用圖來表示普通分子和液晶分子加熱後的情況。

狀態		晶體	柔軟性晶體	液晶	液體
規則性	位置	◯	◯	✕	✕
	方向	◯	✕	◯	✕
排列示意圖					

在液晶狀態，分子的位置分散不均，但朝著固定方向。

液晶分子在低溫時為晶體，達到熔點後會熔化，出現流動性，但不是液體狀態，此狀態並**不透明**，像牛乳一樣混濁。繼續進一步加熱可達到**清晰點**（clearing point），變成透明的液體。**介於熔點與清晰點間的狀態，就是液晶狀態。**

因此，若是冷卻液晶螢幕，分子會變成晶體，失去螢幕功能。雖然再加熱可能恢復原狀，但不能保證完全恢復功能。

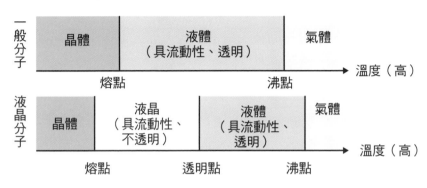

液晶狀態的特徵是「具流動性」「不透明」。

◎液晶螢幕的作用原理？

在現代社會，液晶是液晶電視等各種螢幕不可欠缺的物質。液晶螢幕是以什麼樣的原理顯現畫面呢？答案是，利用**液晶分子能夠進行可逆性的方向改變**。

為了方便理解，可將液晶分子想成「巨大的帶狀分子」。在立方體形的玻璃容器中，以「用鋼線平行刮擦玻璃面，產生刮痕」的方式，於兩玻璃相對面的內側，製造出平行的「刮痕」。

將液晶分子置入這樣的容器，液晶分子便會沿著刮痕方向整齊排列。

接著，將另一個沒有製造刮痕的兩面玻璃，換成透明電極，再將液晶分子置入容器內，如同前述，分子會沿著刮痕方向排列（**下圖**

A）。然而，透明電極通電後，分子的方向會改變，形成跟電流方向夾角90度（**下圖B**）。每次開關，液晶都會可逆性地重覆這個動作。

在這個液晶面板後面放置發光面板，再讓觀察者經由透明電極觀看發光面板，這就是**液晶螢幕的原理**。換言之，類似皮影戲的原理，A的短箋阻擋看不見發光面板，畫面變黑，而通電後，B的帶狀透明能夠看見發光面板，畫面變白。原理相當單純。

之後，再將畫面細分為100萬個左右的畫素數，分別獨立以電力驅動就行了。若想要顯示彩色，則將畫素3等分（總數變成300萬個），分別置入光三原色藍、綠、黃的螢光體就完成了。

雖然細瑣到令人卻步，但現代科技已經能夠實現這項技術。液晶電視今後將會愈加絢麗奪目。

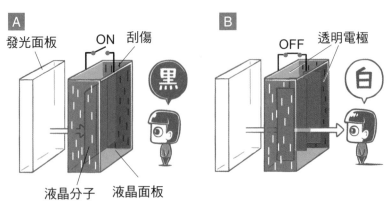

透明電極通電後，分子的方向改變，形成跟電流方向夾角90度。

自發性移動的「超分子」

當不同分子的特性,近似於可形成超分子,便可能結合在一起,形成超分子。其中,前往捕捉的分子為**主體分子**(host molecular),被捕捉的分子為**客體分子**(host molecular),處理這類反應的化學領域稱為**主客體化學**(host-guest chemistry)。這是一個令人矚目的焦點主題。

◎捕捉金屬離子的「冠醚」

兩碳鏈以氧原子O連接的分子,稱為**醚**(ether)。其中,兩乙基CH_3CH_2以O連接的乙醚$CH_3CH_2—O—CH_3CH_2$最為有名,在有機化學研究室中,是所有實驗台上都會放置的化合物。圖中的環狀化合物是數個醚的部分鍵結環狀的物質,一般稱為**冠醚**(crown ether)。

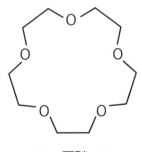

15-冠醚-5

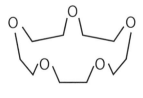

立體結構

冠醚的「冠」,取自此分子的立體結構為王冠形。

海水中溶有金、銀、鈾等金屬，多數金屬會釋出電子，形成陽離子M^+。另一方面，氧原子容易帶負電荷，形成O^-狀態。**在溶有M^+的水中放進冠醚，M^+會進入冠醚環內，形成超分子。**

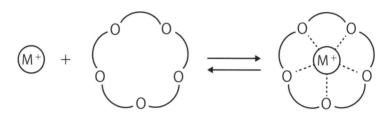

在溶有M^+的水中放進冠醚，M^+會取進入冠醚環內，形成超分子。

金屬離子的大小不盡相同，**不同直徑的冠醚，會優先補捉大小合適的金屬離子**。利用這個特性，可以特別抽取出海水中的鈾U。目前，技術上已經完成，但還需要解決成本的問題。將來如果鈾的價格高漲，這項技術就會投入實用。

◯捕捉金屬離子的「分子夾」

右頁圖A、B的分子是以N＝N雙鍵與兩個冠醚鍵結的化合物。A是兩個冠醚在N＝N相反側鍵結的化合物，這樣的配置稱為反式。然而，此化合物照射紫外線後，冠醚會跑到相同側，形成B的**順式**。

當B的順式分子有金屬離子M⁺接近，分子會像夾子夾麵包一樣捕捉M⁺。**以人為方式，可改變分子結構，使分子產生對人類有益的作用。**雖然概念單純，卻是劃時代的做法，令分子可遵從人類的旨意行動。

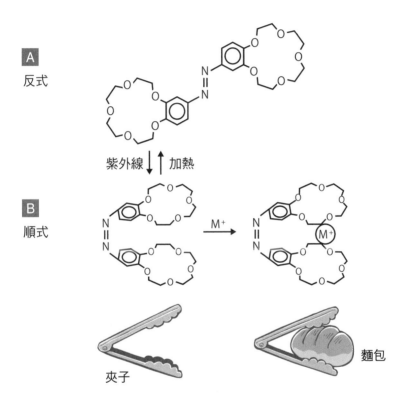

以人為方式，可改變分子結構，使分子產生對人類有益的作用。

碳元素王國的「單分子汽車」

化學家無不有著「想要製作極小機械」的願望。說到極小的機械，那就是僅由1個分子作成的機械，世界上不存在比這更小的機械。「這有可能實現嗎？」雖然有些人會抱持懷疑，但在8-3出現的分子夾，就算不能說是「機械」，也可作為「工具」。

既然如此，何不索性用1個分子組成汽車？基於此概念作成的就是**單分子汽車**。是不是非常符合碳元素王國的國王「專車」呢？

◎ 單分子單輪車

一開始便想要用分子製作「汽車」，門檻好像有點過高，所以一步步按照單輪車、雙輪車的順序來嘗試吧。首先，以一個分子組成一個輪子的汽車，能夠做出**單分子單輪車**嗎？

實際上化學家已經做出來了。雖然外觀跟常見的單輪車不同，但馬戲團小丑踩踏的球，也可說是一種單輪車？如此想來，可以使用前面2-3所說明的球狀分子，把C_{60}**富勒烯當作球本身**，這樣便可製出單分子單輪車。

◎ 單分子雙輪車

接著是**單分子雙輪車**。這個也很簡單，只要將2個富勒烯與直線狀的分子連接就行了，可以利用直線狀分子乙炔$HC \equiv CH$。如此一來，也可製作出單分子雙輪車來。

●單分子單輪車

C_{60} 富勒烯

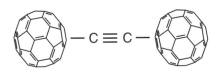

●單分子雙輪車

$-C \equiv C-$

用一個富勒烯製作單分子單輪車。以直線狀分子乙炔$HC \equiv CH$連接兩個富勒烯，可製成單分子雙輪車。

◎單分子三輪車

　　如**下圖**所示，也可製作出單分子三輪車來，但這跟現實中的三輪車有些不同，3個「車輪（富勒烯）」鍵結成放射狀。結果，這台三輪車**沒辦法向一定方向前進，僅能在固定位置旋轉**。

●單分子三輪車

以三鍵連接3個富勒烯，勉強可製成單分子三輪車。

化學家利用這個富勒烯單分子三輪車，置於黃金的晶體上，觀測到的動作如同預想，單分子三輪車僅在原地不停旋轉。

　　繼續研究下去。為什麼這台三輪車會持續在固定位置旋轉呢？如果此分子的動作僅是熱振動，或者在黃金晶體表面滑動，應該不會產生旋轉運動。如同預期，「旋轉運動」這件事證明了，**作為車輪的富勒烯確實發揮車輪的功能，產生旋轉運動**。這在化學上可說是意義非凡。

　　我們知道人們「需要讚美」，化學也是如此。在發表實驗結果的時候，重要的是最大限度解讀結果中的意義，「讚美」實驗結果。如此一來，即使實驗結果沒有震驚全世界，也是對研究人員的一種肯定。「雖然是項無趣的實驗結果，還請容許我在此向各位報告」若是這麼說，就太辜負研究人員的努力了。

◎單分子四輪車

　　右頁上圖是**單分子四輪車**，目前已經實際合成出來了。這個分子有一個「工」字型底盤，上面帶有4個輪子，沒有少掉任何部分，是完全的單一分子。**右頁下圖**是該分子置於黃金晶體上的移動軌跡。重點在於，**分子僅沿著短軸的方向移動**，若要改變行進方向，此時分子會自動旋轉。這表示車輪的確有轉動前進。

◎自力移動的「單分子汽車」

　　遺憾的是，以上的「汽車」皆沒有引擎，沒辦法獨立移動，需要有外物拉引才能移動，感覺像是令人懷念的人力車。

●單分子四輪車

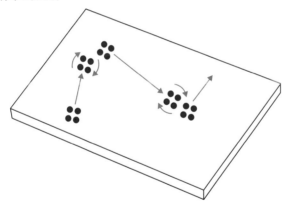

OC₁₀H₂₁ ... 以三鍵連接4個富勒烯，可製成單分子四輪車。

以三鍵連接4個富勒烯，可製成單分子四輪車。

●單分子四輪車的動作

分子會旋轉，能夠改變行進方向。
改編自Y.Shirai, A.J.Osgood, Y.Zhao, K.F.Kelly, J.M.Tour, Nano Lett, 5, 2330（2005）。

　　那麼，我們是否無法製造自發性移動的分子汽車？不，自己發動、自力移動的單分子機械已經製造出來了。

　　2017年，舉辦了集結世界各地單分子汽車的國際賽事。會場設於

法國土魯斯（Toulouse），稱為「奈米車賽」（Nano Car Race），共有6台車報名競賽，其中也有來自日本的分子車。

各位讀者覺得如何呢？雖然一時可能覺得難以置信，但這絕對不是在開玩笑。碳元素王國如此進步，已經**進步到無論想要製作什麼樣的分子都不是問題。**

然而，如**下圖**的簡單四角形分子**環丁二烯**（cyclobutadiene），至今卻沒有辦法合成。

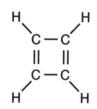

四角形分子的環丁二烯，過去多次嘗試合成皆失敗。現在已經證明，這個分子的集合體，理論上無法合成。

這並不是因為化學不發達，而是根據前面的「前緣軌域理論」（參見2-5），理論上無法做到。然而，這僅只是「分子的集合體不可能合成」，但若在周圍沒有其他東西，假設「宇宙空間中僅有這1個分子」的狀態，已經證實是有可能製作出來。實際上，學者已在實驗的狀態下成功合成了環丁二烯分子。能夠在理論上證明這件事，也是碳元素王國實力的一環。

結尾

各位覺得如何呢？

碳元素王國廣泛的活動範圍、迅速的發展趨勢，以及對於人類的用途，是否讓各位感到驚豔呢？碳元素王國仍舊持續進步，在世界各地的有機化學研究室，每個瞬間都誕生了全新的有機化合物，也就是「新國民」。這些新國民當中，肯定有幾位可成為人類的新「朋友」，幫助人類，豐富我們的生活。

人類的住宅、家具、衣服、日用品……等，幾乎都是塑膠類有機化合物，這個趨勢今後會繼續加速。不只是飛機，汽車、船舶遲早也會改成碳纖維製作。裝載有機太陽能電池的人造衛星，未來將會透過奈米碳管制的傳輸線，將電力傳送到地球上。藥物將幫助人類從痛苦中解放出來。筆者是懷抱著這樣的夢想，堅持寫作本書。非常感謝各位讀完全部的內容。

最後，科學書籍編輯部的石井顯一先生、參考文獻的各位作者、出版社的各位同仁，我想在此致上最深的感謝。

齋藤勝裕

索引

國家圖書館出版品預行編目(CIP)資料

改變世界的碳元素/ 齋藤勝裕作; 衛宮紘譯.
-- 初版. -- 新北市 : 世茂, 2020.10
　　面；　公分 -- (科學視界 ; 248)
　　譯自：炭素はすごい：なぜ炭素は「元
素の王様」といわれるのか
　　ISBN 978-986-5408-28-2(平裝)

1.碳

345.16　　　　　　　　　　109009672

科學視界248

改變世界的碳元素

作　　者／齋藤勝裕
譯　　者／衛宮紘
主　　編／楊鈺儀
責任編輯／陳文君
出 版 者／世茂出版有限公司
負 責 人／簡泰雄
地　　址／(231)新北市新店區民生路19號5樓
電　　話／(02)2218-3277
傳　　真／(02)2218-3239（訂書專線）、(02)2218-7539
劃撥帳號／19911841
戶　　名／世茂出版有限公司
　　　　　　單次郵購總金額未滿500元（含），請加60元掛號費
世茂官網／www.coolbooks.com.tw
排版製版／辰皓國際出版製作有限公司
印　　刷／傳興彩色印刷有限公司
初版一刷／2020年10月

I S B N／978-986-5408-28-2
定　　價／350元